나는야 계산왕 3학년 2권

초판 1쇄 인쇄 2020년 7월 9일
초판 1쇄 발행 2020년 7월 16일

원작 조석 글·구성 김차명 좌승협 구성 도움 양현모 이주영
펴낸이 연준혁

편집 2본부 본부장 유민우
편집 2부서 부서장 류혜정
외주편집 박지혜
디자인 함지현

펴낸곳 (주)위즈덤하우스 출판등록 2000년 5월 23일 제13-1071호
주소 경기도 고양시 일산동구 정발산로 43-20 센트럴프라자 6층
전화 031)936-4000 팩스 031)903-3893 홈페이지 www.wisdomhouse.co.kr

ISBN 979-11-90908-37-5 64410
ISBN 979-11-90908-38-2 64410(세트)

도와줘! 마음의소리

나는야 계산왕

3학년
2권

원작 조석

글·구성

김차명 교사
좌승협 교사

감수

김누리 교사
김현지 교사
이광원 교사
장기재 교사

위즈덤하우스

초등수학의 정석, 친절하고 유쾌한 길잡이!
《나는야 계산왕》이 있어
수학이 즐겁습니다!

★★★★★ 너무 재미있어서 만화를 여러 번 봤어요. 수학 설명인데도 재밌어요. 문제는 많았지만 조금만 틀려서 기분이 좋았고, 다른 수학 문제집을 풀 때보다 재미있게 풀었어요.

- 체험단 최시원 친구

★★★★★ 수 카드를 보고 가장 큰 세 자리 수와 가장 작은 세 자리 수를 쓰고 합을 구하는 문제 같은 것은 다른 문제집에서 못 본 것 같아요. 문제가 참신해서 좋았어요.

- 체험단 이연희 친구

★★★★★ 학습만화에 푹 빠져 있는 녀석이라 만화와 연산의 콜라보가 참 매력적으로 느껴지네요. 연산의 지루함을 만화가 재미나게 채워 주니까 좋아요. 3단계 학습법이라는 독특한 구성도 돋보여요. 문제집인 듯 문제집이 아닌, 한 번 풀고 끝나는 게 아니라 심심할 때마다 두고두고 볼 수 있는 책 같아서 추천하고 싶어요.

- 민혁맘 님

★★★★★ 아이들이 좋아하는 만화를 통해서 자연스럽게 개념 학습을 할 수 있다는 것이 첫 번째 장점이고, 시각적으로도 다양한 문제 유형 덕분에 아이들이 폭넓게 개념을 이해할 수 있다는 것이 두 번째 장점 같아요. 아이들이 다양한 문제를 풀어 보면서 다방면으로 개념을 이해하고 적용할 수 있기 때문에 문제해결에 대한 응용력을 더욱 키워 줄 수 있을 것으로 기대가 됩니다.

- 연우맘 님

★★★★★ 단원별로 도입 만화를 통해 가볍게 개념을 학습할 수 있고, 다양한 패턴의 문제가 있어 연산의 기초를 꼼꼼히 다질 수 있었습니다. 뿐만 아니라 하루 한 장의 부담 없는 학습량이라 아이가 스스로 꾸준히 학습할 수 있어서 만족스러웠네요.

- 서연맘 님

★★★★★ 연산을 싫어하는 아이가 개념 만화를 낄낄낄 웃으면서 읽어서 좋았어요. 문제도 양이 많은 편이 아니라 지루해하지 않아서 더 좋았어요. 아이가 좋아하는 모습이 참 보기 흐뭇했네요. 보통 아이들이 연산을 싫어하는데 이 책은 개념부터 재미있게 되어 있더라고요. 연산에 흥미를 붙여야 하는 아이들에게 딱이란 생각이 듭니다.

- 선유맘 님

《나는야 계산왕》을 함께 만든 체험단 친구들

김규리	김지한	남태경	봉선유	오윤아	이민혁	이현수	정혜주	최시원
김서연	김하린	박윤	송시은	윤서현	이연희	이효성	조연우	최윤우
김승욱	김하율	박주현	양시율	윤예서	이지유	정인후	진하윤	하지민

《나는야 계산왕》을 통해 여러분의 꿈에 한 발짝 가까워지기를 바랍니다

〈마음의 소리〉를 수학책으로 만든다는 이야기를 들었을 때 제일 먼저 든 생각은 '우리 애들도 나중에 이 수학책으로 공부를 하면 재미있겠다!'라는 것이었습니다.
저야 어린시절부터 쭈욱 수학이란 과목을 어려워했지만 〈마음의 소리〉를 보던 어린 친구들이나 아니면 〈마음의 소리〉를 봐 오시다가 자녀가 생긴 독자분들이 이 책으로 수학을 접한다면 의미있겠다는 기분도 들었고요.

제가 웹툰을 그려 오면서 공부와 관련된 책까지 함께할 거라는 생각은 해 본 적이 없어서 저 역시 두근거립니다. 개그만화로 웃음을 주는 것 이외에 다른 목적으로 책을 내 보는 건 처음이니까요. 물론 저도 풀어 볼 예정이지만.... 아마 많이 틀리겠죠?
저처럼 커서도 수학이 어렵거나 꺼려지는 어른이 되지 않기 위해 독자분들은 이런 친근한 형태의 책으로 도움을 많이 받으셨으면 합니다.
훌륭한 선생님들께서 만들어 주신 책이라 아마 그럴 수 있지 않을까 싶네요!

단순히 재미난 문제집 한 권이 아닌, 즐거운 도움을 드리는 책이 되었으면 합니다.
조금 더 거창하게 말하자면 이 책을 접하는 어린 친구들이 먼 미래의 꿈을 이루는 데 도움이 되었으면 하고요.
여전히 수학이 어려운 저 같은 사람이 되지 않길 바라며 응원하겠습니다.
화이팅!

조석

할수 있어!

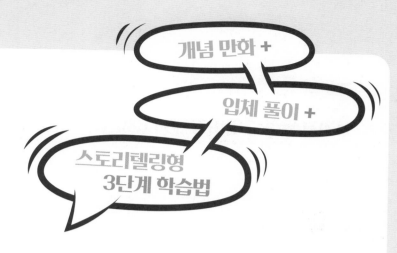

개념 만화 +

입체 풀이 +

스토리텔링형
3단계 학습법

우리 아이들도
신나게 수학을 배울 수 있습니다!

매년 학부모 상담 기간이 되면 아이가 수학을 어려워한다며 걱정하시는 부모님들을 만나게 됩니다. 교사인 저희에게도 무척 고민이 되는 지점입니다. 숫자 가득한 문제집을 앞에 두고 한숨을 푹 쉬며 연필을 집어 드는 아이들을 볼 때마다 '우리 아이들이 신나게 수학을 배울 수는 없는 것일까' 교사로서의 걱정도 깊어집니다.

수학에 있어서 반복적인 문제풀이는 반드시 필요한 과정이지만, 기본 개념이 잡히지 않은 상태에서 무턱대고 문제만 푸는 것은 우리 아이들이 수학을 싫어하게 되는 가장 첫 번째 이유입니다. 아이들이 공부를 지겨워하는 것은, 지겨울 수밖에 없는 방식으로 배우기 때문입니다. 우리 어른들의 생각과 달리, 아이들은 모르는 것을 아는 일에, 아는 것을 새로운 방법으로 익히는 일에 훨씬 많은 흥미를 가지고 있습니다. 재미있게 가르치면 재미있게 배울 수 있고, 흥미를 느낀 이후에는 하나를 알려 주면 열을 익히게 됩니다. 수학을 주입식으로 가르칠 것이 아니라, 개념을 알려 주고 입체적으로 풀게 하는 것이 중요한 이유입니다. 이러한 고민을 바탕으로 개발한 문제집이 기본 개념을 만화로 익히고 문제는 다양한 유형으로 접하도록 한《나는야 계산왕》입니다.

계산왕!

시키지 않아도 아이가 먼저 찾아 읽는 개념 만화

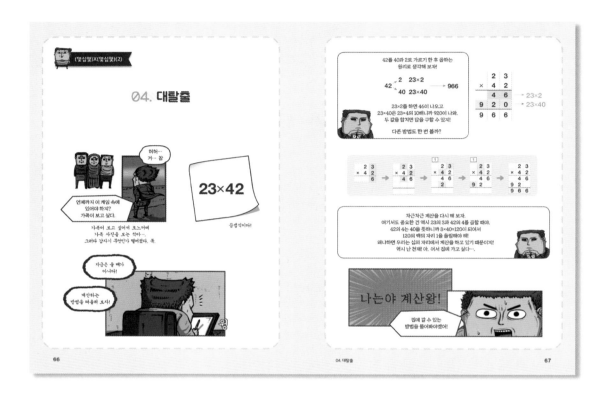

집중 시간이 짧은 아이들을 위해 만화로 기본 개념을 설명합니다. 게임 속 캐릭터와 함께 수학 미션을 수행하고, 유튜브 구독자 수를 늘리기 위한 배틀을 벌이면서, 수학이 우리 일상에 얼마나 필요하고 친숙한 과목인지를 자연스럽게 익힐 수 있어요. 무엇보다 그림으로 하나하나 개념을 익히게 되니까, 교과서보다 재미있게 학습지보다 신나게 수학의 개념을 익히게 됩니다. 만화라서 재밌으니까, 개념공부라서 유용하니까! 시키지 않아도 먼저 찾아서 하는 수학 공부《나는야 계산왕》으로 우리 아이의 수학에 대한 거부감을 없애 주세요!

STEP 02
다양한 유형으로 탄탄한 실력을 만드는 연산 문제

3학년이 되면 1~2학년 때 학습한 덧셈, 뺄셈, 곱셈에 이어 연산의 마지막인 나눗셈을 학습합니다. 나눗셈은 사칙연산 중 학생들이 이해하기에 가장 어려운 연산입니다. 나눗셈 문제를 해결하기 위해서는 덧셈, 뺄셈, 곱셈을 모두 이해하고 적용할 수 있어야 합니다. 학생의 연산 실력을 키우기 위해서는 학생 스스로 개념을 이해할 수 있는 환경을 제공하고, 다양한 방법으로 문제를 해결할 수 있는 기회를 제공해야 합니다. 의미 있는 연산 학습은 한 문제를 풀더라도 다양한 해결 방법을 떠올리고 적용하는 것입니다. 《나는야 계산왕》은 최대한 다양한 해결 방법을 도출할 수 있도록 여러 유형의 연산 문제를 구성했습니다. 한결 어려워진 문제에 당황하기 쉬운 3학년 수학, 《나는야 계산왕》을 통해서 의미 있는 연산 학습을 시작해 보세요.

개정교육과정의 수학 교과 역량을 반영한 스토리텔링 문제

수학 문제의 지문은 점점 더 복잡해지고 길어집니다. 계산식을 아무리 잘 풀어도, 긴 지문을 수학식으로 전환하는 사고력과 창의력이 없다면 정답을 찾아낼 수 없습니다. 《나는야 계산왕》은 모든 단원의 끝에 다양한 수학적 상황을 지문과 게임 형식으로 제시하고 이를 수학식으로 치환하도록 문제를 구성해 우리 아이들의 수학 교과 역량을 최대치로 끌어올릴 수 있도록 했습니다. 탄탄한 연산 실력에 창의력을 더할 완벽한 스토리텔링형 추론 문제! 어려운 문제도 뚝딱 풀어내는 힘, 《나는야 계산왕》이 키워 줍니다!

우리 가족 모두 계산왕이 될 거야!

안녕, 내 이름은 조석이야.
우리 함께 재미있는 수학 공부 시작해 볼까?

석이와 함께 수학을 공부하고 있어!
어린이 친구들, 모두 함께 힘내자!

우리 친구들,
계산왕이 될 때까지 화.이.팅.

★ 1학년 1학기 ★

1단원	9까지의 수를 모으고 가르기
2단원	한 자리 수의 덧셈
3단원	한 자리 수의 뺄셈
4단원	덧셈과 뺄셈 해 보기
5단원	덧셈식과 뺄셈식 만들기
6단원	19까지의 수를 모으고 가르기
7단원	50까지의 수
8단원	덧셈과 뺄셈 종합

★ 1학년 2학기 ★

1단원	100까지의 수
2단원	몇십몇+몇, 몇십몇-몇
3단원	몇십+몇십, 몇십-몇십
4단원	몇십몇+몇십몇, 몇십몇-몇십몇
5단원	세 수의 덧셈과 뺄셈
6단원	10이 되는 더하기
7단원	받아올림이 있는 (몇)+(몇)
8단원	십몇-몇=몇

★ 2학년 1학기 ★

1단원	세 자리 수
2단원	받아올림이 있는 (두 자리 수)+(한 자리 수)
3단원	받아올림이 있는 (두 자리 수)+(두 자리 수)Ⅰ
4단원	받아올림이 있는 (두 자리 수)+(두 자리 수)Ⅱ
5단원	받아내림이 있는 (두 자리 수)-(한 자리 수)
6단원	받아내림이 있는 (몇십)-(몇십몇)
7단원	받아내림이 있는 (몇십몇)-(몇십몇)
8단원	여러 가지 방법으로 덧셈, 뺄셈 하기
9단원	세 수의 덧셈과 뺄셈
10단원	곱셈의 의미

★ 2학년 2학기 ★

1단원	2단과 5단
2단원	3단과 6단
3단원	2단, 3단, 5단, 6단
4단원	4단과 8단
5단원	0단, 1단, 7단, 9단
6단원	0단, 1단, 4단, 7단, 8단, 9단
7단원	1~9단 종합
8단원	0~9단 종합

★ 3학년 1학기 ★

1단원	받아올림이 없는 세 자리 수 덧셈
2단원	받아올림이 있는 세 자리 수 덧셈
3단원	받아내림이 한 번 있는 세 자리 수 뺄셈
4단원	받아내림이 두 번 있는 세 자리 수 뺄셈
5단원	똑같이 나누기
6단원	나눗셈해 보기
7단원	올림이 없는 (몇십몇)×(몇) 곱셈하기
8단원	올림이 한 번 있는 (몇십몇)×(몇) 곱셈하기Ⅰ
9단원	올림이 한 번 있는 (몇십몇)×(몇) 곱셈하기Ⅱ
10단원	올림이 두 번 있는 (몇십몇)×(몇) 곱셈하기

★ 3학년 2학기 ★

1단원	올림이 없는 (세 자리 수)×(한 자리 수)
2단원	올림이 있는 (세 자리 수)×(한 자리 수)
3단원	(몇십몇)×(몇십몇)Ⅰ
4단원	(몇십몇)×(몇십몇)Ⅱ
5단원	몇십몇÷몇
6단원	나머지가 있는 나눗셈
7단원	세 자리 수÷한 자리 수
8단원	계산이 맞는지 확인하기
9단원	분수로 나타내기
10단원	여러 가지 분수

차례

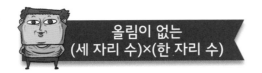
∅1. 플레이어 조석의 1가지 실수

조석이 VR을 통해
〈마음의 소리 왕국〉에 접속했다.

이곳은 현실과는 다르다…

꼬르륵

마트로
가야겠군.

장소1. 마트

LV.1 조석 | 체력
경험치

흠. 우선
사과를 3개
사야겠어.

14

사과가 한 개에
132원?

그…
그렇다면…

나한테
얼마가 있지?

사과가
3개면 얼마야!!

나는…
어떻게 해야 하지??

장소1. 마트

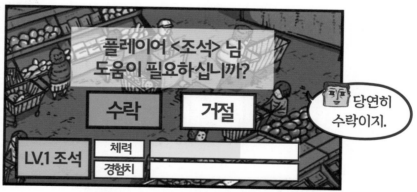

플레이어 <조석> 님
도움이 필요하십니까?

수락

거절

LV.1 조석

체력

경험치

당연히
수락이지.

그럼
제가 도와 드리지요.

먼저
조석 님 주머니에 있는
동전을 모두
꺼내 보세요.

LV.99
수학요정 애봉

털림

왼쪽에 보이는 동전을 사과 한 개의 가격에 맞게 아래 판에 배열해 보세요.

LV.99
수학요정 애봉

이 정도는 할 수 있지!!

100원이 3개 있으니
100×3=300
10원이 9개 있으니
10×9=90
1원이 6개 있으니
1×6=6!
그럼 300+90+6=396이 나와!!!

플레이어 <조석> 님, 미션에 성공하셨습니다.
레벨이 1 상승합니다.

LV.1 조석	체력	
	경험치	

훗…
레벨업을 하니 동전을 보고 계산할 수 있게 되었군!!

쩡

LV.2 조석	체력	
	경험치	

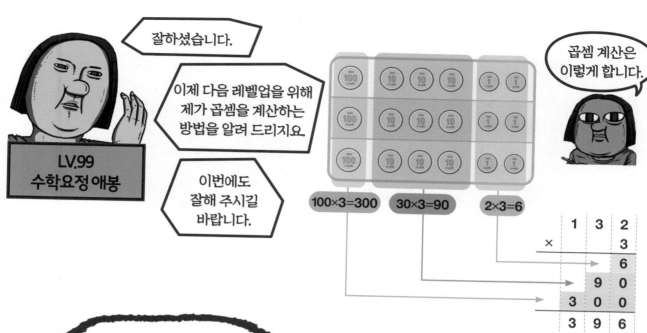

잘하셨습니다.

이제 다음 레벨업을 위해 제가 곱셈을 계산하는 방법을 알려 드리지요.

이번에도 잘해 주시길 바랍니다.

LV.99 수학요정 애봉

곱셈 계산은 이렇게 합니다.

100×3=300   30×3=90   2×3=6

```
      1   3   2
  ×           3
 ─────────────
              6
          9   0
      3   0   0
 ─────────────
      3   9   6
```

사과 한 개의 가격이 132원이고 내가 3개를 살 거니까 132×3을 해야 해.

집중해야 해!

```
      1   3   2
  ×           3
 ─────────────
              6
```

먼저 일의 자리 2와 3을 곱한 값을 아래에 적고

```
      1   3   2
  ×           3
 ─────────────
          9   6
```

십의 자리의 3에 3을 곱한 값을 적은 후

마지막으로 백의 자리 1과 3을 곱한 값을 적고

계산하는 거야.

```
      1   3   2
  ×           3
 ─────────────
      3   9   6
```

LV.2 조석	체력	
	경험치	

경험치 상승

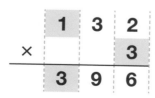

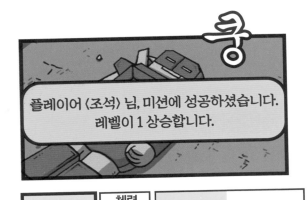

난 이렇게 또 해내고 말았군.

이런 나라는 멋진 녀석…!

플레이어 〈조석〉 님, 미션에 성공하셨습니다.
레벨이 1 상승합니다.

LV.3 조석	체력	
	경험치	

자! 이제 사과를 먹어
체력을 채워 보자!
사과가 곧 다 떨어지겠어!

LV.3 조석	체력	
	경험치	

사과 매진

뭐지? 왜 난
사과를 먼저 챙긴 후
곱셈을 하지 않은 걸까…

LV.3 조석	체력	
	경험치	

마음의
꿀팁

곱셈의 원리를 이해하고 계산하는 게 중요해. 곱해지는 수와 곱하는 수를 파악하고
곱해지는 수의 자릿값과 곱하는 수를 하나씩 곱해 나가는 연습을 해야 해.
계산하고 나서 계산 과정을 다시 한 번 확인하는 습관을 기르자.

(세 자리 수)×(한 자리 수) 문제를 풀 때는 우리가 자주 사용하는 동전을 생각하면 좋아. 동전을 그려 넣으면서 곱셈의 원리를 알아보자!

💬 주어진 곱셈식에 알맞게 동전 모형을 그리고 계산하세요.

예시

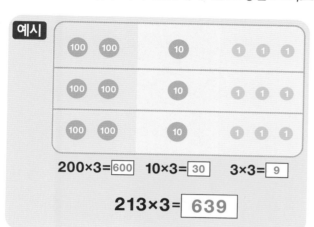

200×3= 600   10×3= 30   3×3= 9

213×3 = 639

①

300×2=☐   10×2=☐   2×2=☐

312×2 = ☐

②

400×2=☐   30×2=☐   2×2=☐

432×2 = ☐

③

200×3=☐   30×3=☐   3×3=☐

233×3 = ☐

④

200×4=☐   20×4=☐   1×4=☐

221×4 = ☐

⑤

300×2=☐   40×2=☐   3×2=☐

343×2 = ☐

1 DAY
B

동전 모형으로
곱셈 계산하기

주어진 곱셈식에 알맞게 동전 모형을 그리고 계산하세요.

①

400×2=☐   10×2=☐   2×2=☐

412×2=☐

②

100×3=☐   30×3=☐   2×3=☐

132×3=☐

③

300×3=☐   10×3=☐   3×3=☐

313×3 ☐

④

200×2=☐   40×2=☐   1×2=☐

241×2=☐

⑤

100×4=☐   20×4=☐   2×4=☐

122×4=☐

⑥

300×2=☐   20×2=☐   1×2=☐

321×2=☐

2 DAY A

(세 자리 수)×(한 자리 수) 곱셈 원리 알기

213×2를 할 때 213의 일의 자리 3부터 곱하는 수 2와 계산해야 해. 그다음 213의 십의 자리 1과 2를 곱하고, 마지막으로 213의 백의 자리 2와 2를 곱하면 돼.

💬 빈칸에 알맞은 수를 써넣으세요.

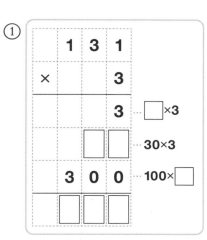

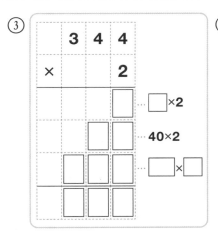

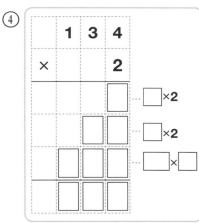

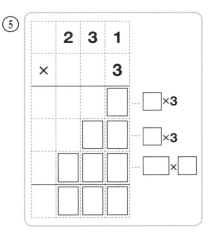

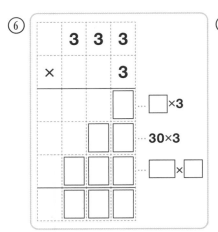

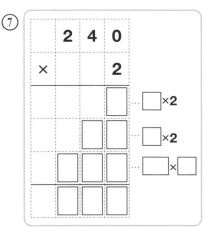

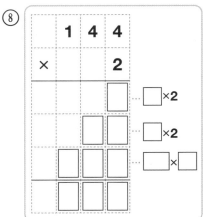

2 DAY

B

(세 자리 수)×(한 자리 수)
곱셈 원리 알기

빈칸에 알맞은 수를 써넣으세요.

①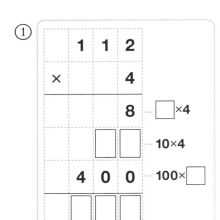

②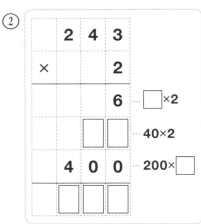

③

④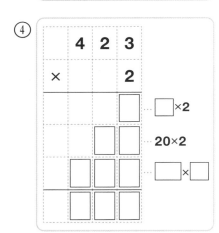

⑤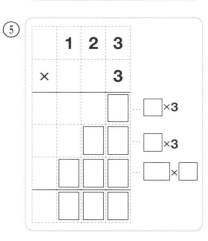

⑥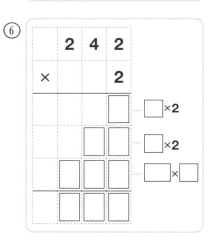

⑦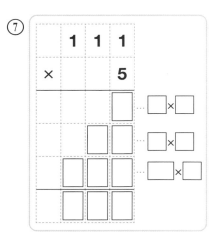

⑧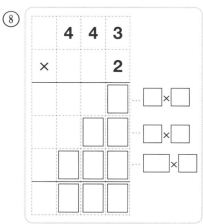

⑨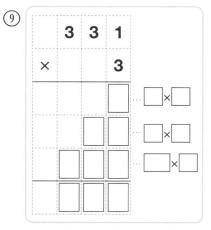

22

3 DAY
A

(세 자리 수)×(한 자리 수)
곱셈 계산하기

(세 자리 수)×(한 자리 수)를 계산할 때는
세 자리 수의 일의 자리와 한 자리 수부터
차례대로 곱하면 돼!

곱셈을 계산하세요.

①
$$
\begin{array}{ccc}
& 4 & 2 & 1 \\
\times & & & 2 \\
\hline
\end{array}
$$

②
$$
\begin{array}{ccc}
& 3 & 1 & 4 \\
\times & & & 2 \\
\hline
\end{array}
$$

③
$$
\begin{array}{ccc}
& 3 & 2 & 4 \\
\times & & & 2 \\
\hline
\end{array}
$$

④
$$
\begin{array}{ccc}
& 3 & 3 & 2 \\
\times & & & 2 \\
\hline
\end{array}
$$

⑤
$$
\begin{array}{ccc}
& 4 & 1 & 4 \\
\times & & & 2 \\
\hline
\end{array}
$$

⑥
$$
\begin{array}{ccc}
& 1 & 3 & 3 \\
\times & & & 3 \\
\hline
\end{array}
$$

⑦
$$
\begin{array}{ccc}
& 1 & 2 & 2 \\
\times & & & 4 \\
\hline
\end{array}
$$

⑧
$$
\begin{array}{ccc}
& 2 & 3 & 2 \\
\times & & & 3 \\
\hline
\end{array}
$$

⑨
$$
\begin{array}{ccc}
& 1 & 4 & 2 \\
\times & & & 2 \\
\hline
\end{array}
$$

⑩
$$
\begin{array}{ccc}
& 3 & 0 & 3 \\
\times & & & 3 \\
\hline
\end{array}
$$

⑪
$$
\begin{array}{ccc}
& 4 & 1 & 0 \\
\times & & & 2 \\
\hline
\end{array}
$$

⑫
$$
\begin{array}{ccc}
& 1 & 3 & 2 \\
\times & & & 3 \\
\hline
\end{array}
$$

💬 곱셈을 계산하세요.

①
```
    4 4 2
  ×     2
```

②
```
    1 2 4
  ×     2
```

③
```
    2 2 3
  ×     2
```

④
```
    2 0 2
  ×     3
```

⑤
```
    4 3 2
  ×     2
```

⑥
```
    2 4 3
  ×     2
```

⑦
```
    3 2 2
  ×     3
```

⑧
```
    2 2 1
  ×     4
```

⑨
```
    4 1 1
  ×     2
```

⑩
```
    3 3 3
  ×     3
```

⑪
```
    1 3 1
  ×     2
```

⑫
```
    2 1 4
  ×     2
```

⑬
```
    1 1 4
  ×     2
```

⑭
```
    3 1 1
  ×     3
```

⑮
```
    1 1 1
  ×     5
```

⑯
```
    2 2 4
  ×     2
```

⑰
```
    1 0 1
  ×     5
```

⑱
```
    2 2 2
  ×     4
```

⑲
```
    3 1 0
  ×     3
```

⑳
```
    2 4 4
  ×     2
```

(세 자리 수)×(한 자리 수) 크기 비교하기

곱셈을 계산하기 전에 주어진 두 곱셈 계산 결과를 어림해 봐. (세 자리 수)×(한 자리 수)일 때는 세 자리 수의 백의 자리를 먼저 한 자리 수와 곱해 보는 게 좋아.

 곱셈 결과의 크기를 비교하여 ◯ 안에 >, =, <를 알맞게 써넣으세요.

① 242×2 ◯ 222×2

② 313×2 ◯ 134×2

③ 122×4 ◯ 324×2

④ 414×2 ◯ 423×2

⑤ 312×3 ◯ 324×2

⑥ 431×2 ◯ 444×2

⑦ 133×3 ◯ 133×2

⑧ 443×2 ◯ 233×3

⑨ 444×2 ◯ 222×4

⑩ 212×4 ◯ 213×2

⑪ 142×2 ◯ 131×3

⑫ 231×3 ◯ 232×2

(세 자리 수)×(한 자리 수)
크기 비교하기

곱셈 결과의 크기를 비교하여 ○ 안에 >, =, <를 알맞게 써넣으세요.

① 442×2 ◯ 432×2

② 113×2 ◯ 211×2

③ 222×3 ◯ 232×3

④ 144×2 ◯ 231×2

⑤ 424×2 ◯ 324×2

⑥ 143×2 ◯ 123×3

⑦ 413×2 ◯ 334×2

⑧ 132×3 ◯ 212×2

⑨ 412×2 ◯ 211×4

⑩ 322×3 ◯ 422×2

⑪ 212×3 ◯ 313×2

⑫ 242×2 ◯ 121×4

곱셈식 완성하기

곱해지는 수와 곱하는 수의 관계를 파악해야 해!
곱해지는 수의 일의 자리, 십의 자리, 백의 자리와
곱하는 수를 차례대로 곱한 결과를 떠올리면서 풀어 봐.

💬 빈칸에 알맞은 수를 써넣으세요

①
```
    1 □ 3
  ×     3
  ─────────
    3 9 9
```

②
```
    2 □ 3
  ×     2
  ─────────
    4 2 6
```

③
```
    1 □ 1
  ×     □
  ─────────
    4 4 4
```

④
```
    2 □ 3
  ×     □
  ─────────
    6 6 9
```

⑤
```
    2 □ 2
  ×     □
  ─────────
    6 3 □
```

⑥
```
    2 □ 2
  ×     □
  ─────────
    4 4 □
```

⑦
```
    2 □ 3
  ×     □
  ─────────
    6 3 □
```

⑧
```
    4 □ 2
  ×     □
  ─────────
    8 2 □
```

⑨
```
    □ 1 2
  ×     □
  ─────────
    2 2 □
```

⑩
```
    2 □ 3
  ×     □
  ─────────
    □ 8 6
```

⑪
```
    3 □ 3
  ×     □
  ─────────
    9 6 □
```

⑫
```
    2 □ 3
  ×     □
  ─────────
    □ 9 9
```

⑬
```
    □ 3 3
  ×     □
  ─────────
    6 6 6
```

⑭
```
    □ 4 3
  ×     □
  ─────────
    8 8 □
```

⑮
```
    □ 2 3
  ×     □
  ─────────
    6 4 □
```

⑯
```
    □ 1 1
  ×     □
  ─────────
    5 5 □
```

⑰
```
    4 □ 2
  ×     2
  ─────────
  □ 0 □
```

⑱
```
    1 □ 2
  ×     3
  ─────────
  □ 9 □
```

⑲
```
    1 □ 2
  ×     4
  ─────────
  □ 4 □
```

⑳
```
    3 □ 2
  ×     3
  ─────────
  □ 0 □
```

곱셈식 완성하기

🗨 빈칸에 알맞은 수를 써넣으세요

①
```
  2 □ 1
×     2
─────────
  4 8 □
```

②
```
  4 □ 4
×     2
─────────
  □ 2 8
```

③
```
  1 □ 2
×     □
─────────
  □ 3 6
```

④
```
  1 □ 4
×     □
─────────
  2 6 8
```

⑤
```
  2 □ 2
×     □
─────────
  □ 9 6
```

⑥
```
  1 □ 1
×     □
─────────
  2 8 □
```

⑦
```
  □ 1 4
×     □
─────────
  6 □ 8
```

⑧
```
  4 □ 3
×     □
─────────
  8 6 □
```

⑨
```
  □ 4 2
×     □
─────────
  2 8 □
```

⑩
```
  □ 2 1
×     □
─────────
  8 □ 4
```

⑪
```
  □ 4 2
×     □
─────────
  4 8 □
```

⑫
```
  □ 1 1
×     □
─────────
  9 □ 9
```

⑬
```
  2 □ 1
×     □
─────────
  □ 6 3
```

⑭
```
  □ 1 2
×     □
─────────
  8 □ 8
```

⑮
```
  □ □ 3
×     2
─────────
  4 6 □
```

⑯
```
  □ 2 1
×     □
─────────
  6 □ 3
```

⑰
```
  2 □ 2
×     3
─────────
  □ 3 □
```

⑱
```
  1 □ 0
×     □
─────────
  4 8 0
```

⑲
```
  2 □ 0
×     □
─────────
  8 4 □
```

⑳
```
  □ □ 1
×     3
─────────
  9 9 □
```

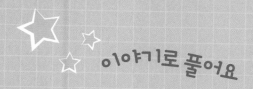
조석이 쓰는 '파이어 볼' 마법 공격력은 **462**입니다.
3마리의 몬스터 중 어떤 몬스터를 공격해야 쓰러뜨릴 수 있을까요?
곱셈을 계산하고 공격해야 하는 몬스터에 ○ 치세요.

체력: 234X2   체력: 312X2   체력: 231X2

02. 외쳐 봐, "나는야 계산왕!"

다음 날 아침

내… 내가
게임에 지다니
이럴 순 없어!

다시! 다시
도전한다.

〈마음의 소리왕국〉
Loading…

재도전

이번엔 다르다.

일단 경험치를
올려야겠어.

그래야 장비도 좀 얻고
계산 능력도 강해지지.

외… 외쳐야겠어!!!!

아악!!! 올림이 있는 곰셈은 할 줄 모르겠어!!!

나는야 계산왕!

저를 부르셨나염?

LV.99
수학요정 애봉

헉! 소리가 너무 컸나? 몬스터가 다가온다!

요정! 나에게 올림이 있는 곰셈을 하는 법을 가르쳐 줘!

200	20	3

옆의 표를 잘 보세요.

경험치가 동전이라고 생각해 보세요.

한 마리를 잡을 때 223XP 얻고 총 4마리니까… 동전으로 놓는다면!

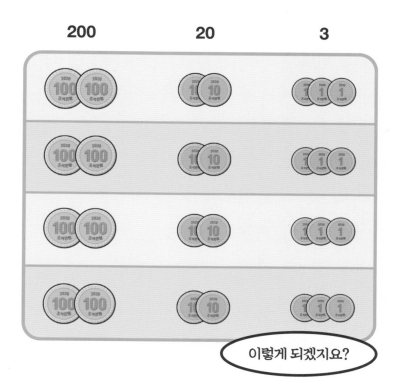

이렇게 되겠지요?

맞다! 전에 동전을 이용해서 곱셈하는 법을 배웠지!

이제 백의 자리, 십의 자리, 일의 자리를 계산해서 더하면 돼!

휴… 기억이 나셨군요! 그럼 우리 같이 풀어 볼까요?

아니! 이번엔 내가 혼자 해 볼게!

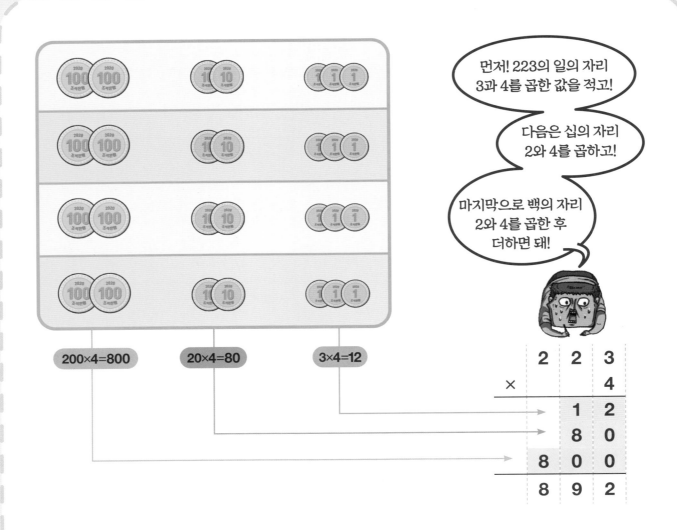

먼저! 223의 일의 자리 3과 4를 곱한 값을 적고!

다음은 십의 자리 2와 4를 곱하고!

마지막으로 백의 자리 2와 4를 곱한 후 더하면 돼!

200×4=800   20×4=80   3×4=12

		2	2	3
	×			4
			1	2
			8	0
		8	0	0
		8	9	2

잘하시는군요! 하지만 중요한 것이 있어요!
곱한 값은 반드시 자.릿.값에 맞추어 써야 합니다!

으...응!

자, 이제 배운 내용을 정리해 볼까요?
몬스터 1마리당 경험치 223XP를 얻을 때,
4마리를 잡으면 얻을 수 있는 총 경험치는?

223×4

를 계산하면 되겠지요?

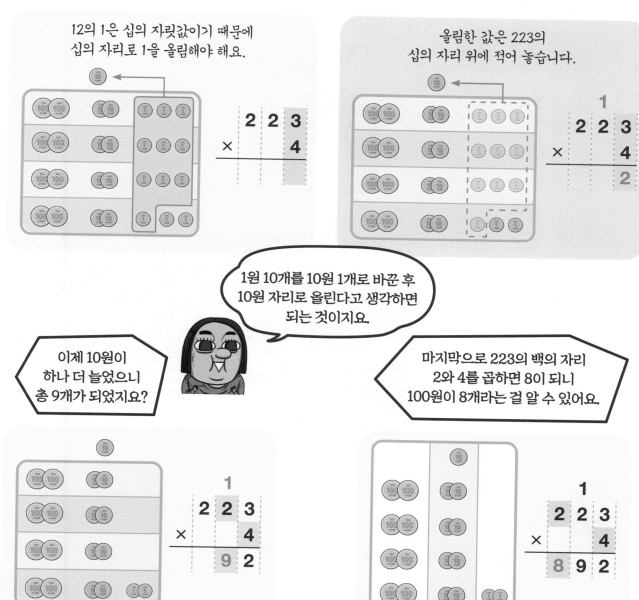

12의 1은 십의 자릿값이기 때문에
십의 자리로 1을 올림해야 해요.

올림한 값은 223의
십의 자리 위에 적어 놓습니다.

1원 10개를 10원 1개로 바꾼 후
10원 자리로 올린다고 생각하면
되는 것이지요.

이제 10원이
하나 더 늘었으니
총 9개가 되었지요?

마지막으로 223의 백의 자리
2와 4를 곱하면 8이 되니
100원이 8개라는 걸 알 수 있어요.

됐다!

레벨업이다!!!

도오오오오오오오오오!!!!!

다 덤벼!!

아싸! 223×4=892니까 몬스터 4마리를 잡으면
얻을 수 있는 경험치는… 892!!

잠깐만요! 지금 무기가 없는데
어떻게 공격하시려고요?

아악!!!!!
도망가자!!!!!

마음의
끌팁

올림이 있는 곱셈을 할 때는 올림 값을 적고 계산하는 연습을 해야 해. 또 동전을
이용해서 곱셈을 계산하는 연습을 한다면 곱셈 계산에 자신감이 생길 거야. 한 가지
방법으로 계산하기보다는 다양한 방법으로 계산해 봐!

동전 모형으로 곱셈 계산하기

213×4에서 일의 자리 3과 곱하는 수 4를 곱하면 12가 돼.
1원 동전 모형이 12개가 있다는 거지. 이때 1원 모형 12개
중 10개를 10원 모형 1개로 바꾸는 게 바로 올림의 원리야.

💬 그림을 보고 빈칸에 알맞은 수를 쓰고 곱셈식을 세워서 계산해 보세요.

예시

200×4=800   10×4=40   3×4=12

➡ 852

곱셈식 : 213× 4 = 852

①

200×3=   30×3=   6×3=

➡

곱셈식 : 236× =

②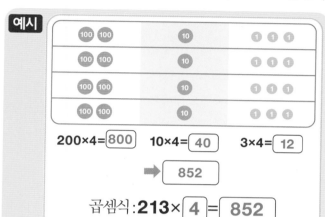

400×2=   60×2=   2×2=

➡

곱셈식 : 462× =

③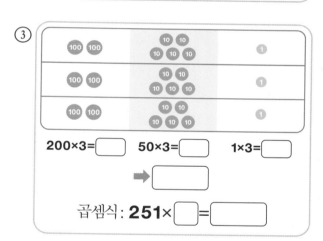

200×3=   50×3=   1×3=

➡

곱셈식 : 251× =

④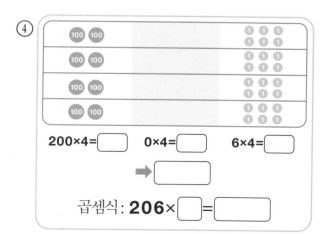

200×4=   0×4=   6×4=

➡

곱셈식 : 206× =

⑤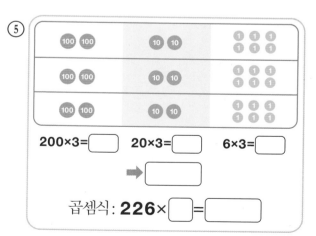

200×3=   20×3=   6×3=

➡

곱셈식 : 226× =

동전 모형으로
곱셈 계산하기

그림을 보고 빈칸에 알맞은 수를 쓰고 곱셈식을 세워서 계산해 보세요.

①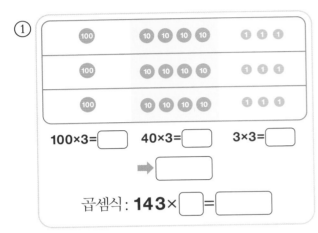

100×3= □   40×3= □   3×3= □

➡ □

곱셈식 : **143**× □ = □

②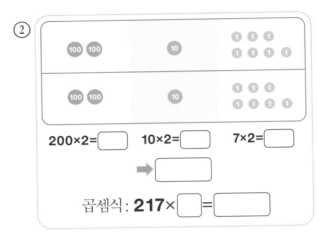

200×2= □   10×2= □   7×2= □

➡ □

곱셈식 : **217**× □ = □

③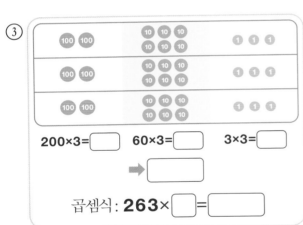

200×3= □   60×3= □   3×3= □

➡ □

곱셈식 : **263**× □ = □

④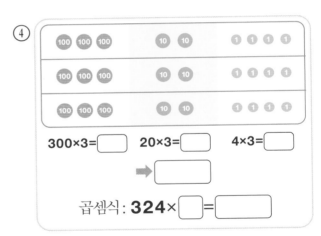

300×3= □   20×3= □   4×3= □

➡ □

곱셈식 : **324**× □ = □

⑤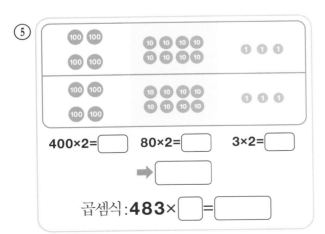

400×2= □   80×2= □   3×2= □

➡ □

곱셈식 : **483**× □ = □

⑥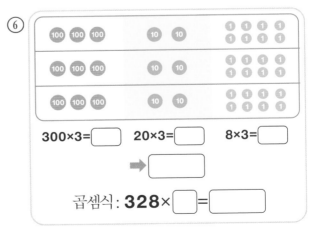

300×3= □   20×3= □   8×3= □

➡ □

곱셈식 : **328**× □ = □

단계별로 (세 자리 수)×
(한 자리 수) 곱셈 계산하기

동전 모형을 이용해서 다시 한 번 올림이 있는 곱셈
원리를 이해해 보자! 계산을 반복해서 원리를 익히고,
자연스럽게 계산할 수 있을 만큼 공부해야 해!

💬 빈칸에 들어갈 알맞은 수를 쓰고 곱셈을 계산하세요.

1원 모형 10개를
10원 모형 1개로
올림한 후

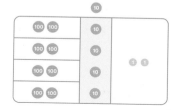

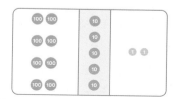

십의 자리
1 위에 1을 적어 줘야 해.

		1	
	2	1	3
×			**4**
			2

	1	
2	1	3
×		**4**
	5	**2**

올림한 수도
잊지 말고 함께
계산해 줘야겠구나!

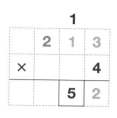

	2	1	3
×			**4**
	8	**5**	**2**

①

		[ ]	
	1	1	3
×			**5**
			[ ]

➡

	[ ]	
1	1	3
×		**5**
	[ ]	[ ]

➡

	1	1	3
×			**5**
	[ ]	[ ]	[ ]

②

		[ ]	
	3	2	8
×			**2**
			[ ]

➡

	[ ]	
3	2	8
×		**2**
	[ ]	[ ]

➡

	3	2	8
×			**2**
	[ ]	[ ]	[ ]

③

		3	7	2
×				**2**
				[ ]

➡

	[ ]	
3	7	2
×		**2**
	[ ]	[ ]

➡

	[ ]		
	3	7	2
×			**2**
	[ ]	[ ]	[ ]

2 DAY
B
단계별로 (세 자리 수)×
(한 자리 수) 곱셈 계산하기

빈칸에 들어갈 알맞은 수를 쓰고 곱셈을 계산하세요.

①
```
      □                    □
    1 3 7              1 3 7            1 3 7
  ×     2            ×     2          ×     2
  _____          _____         _____
        □            □ □             □ □ □
```

②
```
      □                    □
    2 4 9              2 4 9            2 4 9
  ×     2            ×     2          ×     2
  _____          _____         _____
        □            □ □             □ □ □
```

③
```
                       □                  □
    1 5 3              1 5 3            1 5 3
  ×     3            ×     3          ×     3
  _____          _____         _____
        □            □ □             □ □ □
```

④
```
                       □                  □
    2 6 3              2 6 3            2 6 3
  ×     3            ×     3          ×     3
  _____          _____         _____
        □            □ □             □ □ □
```

⑤
```
      □                    □
    2 2 9              2 2 9            2 2 9
  ×     3            ×     3          ×     3
  _____          _____         _____
        □            □ □             □ □ □
```

올림이 있을 때마다 올림한 수를 적고 문제를 푸는
게 좋아. 적지 않고 문제를 풀다 보면 실수할 수 있어.
곱셈에 익숙해질 때까지 올림한 수를 적고 계산해 보자.

💬 빈칸에 들어갈 알맞은 수를 쓰세요.

```
    8 4 3
  ×     3
  ─────────
        9 ……… 3×3
    1 2 0 ……… 40×3
  2 4 0 0 ……… 800×3
  ─────────
  2 5 2 9
```

```
      1
    8 4 3
  ×     3
  ─────────
  2 5 2 9
```
맨 앞자리 숫자는 올림으로
표시하지 않고 그냥 씁니다.

곱셈을 계산할 때
올림이 두 번인
경우도 있어.

올림하는 경우에
곱셈식 위에 올림하는 수를
적으라고 했었지?

맨 앞자리 숫자는
올림으로 표시하지 않고
그냥 앞에 써 주는 거야.

예시
```
    8 3 1
  ×     7
  ─────────
        7 … 1 ×7
    2 1 0 … 30 ×7
  5 6 0 0 … 800 ×7
  ─────────
  5 8 1 7
```

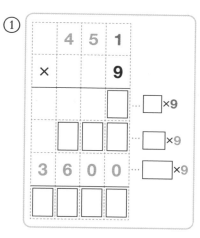
①

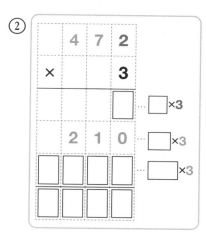
②

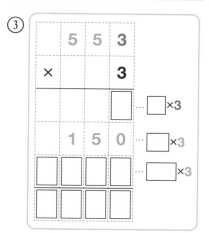
③

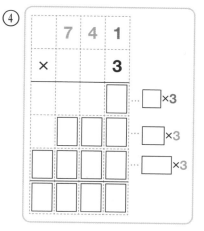
④

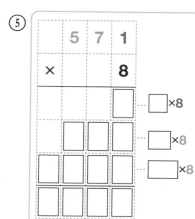
⑤

빈칸에 들어갈 알맞은 수를 쓰세요.

①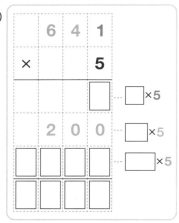

②

③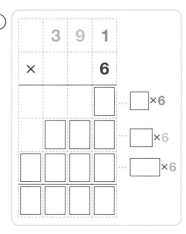

④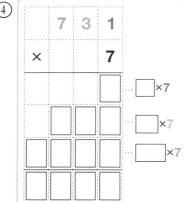

⑤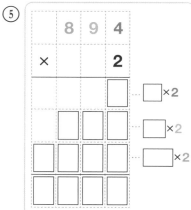

⑥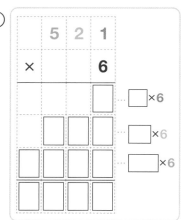

⑦

⑧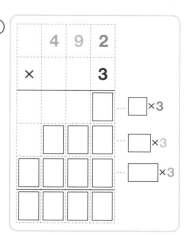

⑨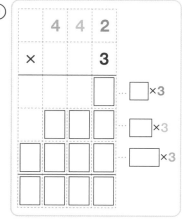

4 DAY
A

(세 자리 수)×(한 자리 수) 곱셈 계산하기(1)

올림이 여러 번 있어도 긴장하지 마!
올림이 있을 때마다 올림을 표시하면 실수하지 않고
계산을 할 수 있어.

💬 순서에 맞춰 곱셈을 계산하세요.

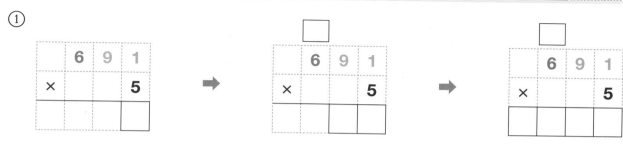

①

②

③

④

순서에 맞춰 곱셈을 계산하세요.

①
```
    6 2 1          [ ]              [ ]
  ×     6        6 2 1            6 2 1
  _____    ×     6          ×     6
        [ ]      _____        _____
                     [ ][ ]       [ ][ ][ ][ ]
```

②
```
    8 7 1          [ ]              [ ]
  ×     5        8 7 1            8 7 1
  _____    ×     5          ×     5
        [ ]      _____        _____
                     [ ][ ]       [ ][ ][ ][ ]
```

③
```
    4 9 3          [ ]              [ ]
  ×     3        4 9 3            4 9 3
  _____    ×     3          ×     3
        [ ]      _____        _____
                     [ ][ ]       [ ][ ][ ][ ]
```

④
```
    5 6 2          [ ]              [ ]
  ×     4        5 6 2            5 6 2
  _____    ×     4          ×     4
        [ ]      _____        _____
                     [ ][ ]       [ ][ ][ ][ ]
```

⑤
```
    8 5 2          [ ]              [ ]
  ×     4        8 5 2            8 5 2
  _____    ×     4          ×     4
        [ ]      _____        _____
                     [ ][ ]       [ ][ ][ ][ ]
```

(세 자리 수)×(한 자리 수) 곱셈 계산하기(2)

계산을 할 때 실수하지 않으려면 올림을 꼭 표시해야 해! 또 계산하고 나서 실수한 부분은 없는지 확인하는 거 잊지 마!

곱셈을 계산하세요.

①
```
    3 8 4
×       2
```

②
```
    1 6 1
×       5
```

③
```
    4 8 1
×       5
```

④
```
    2 9 1
×       6
```

⑤
```
    3 0 4
×       6
```

⑥
```
    7 6 1
×       4
```

⑦
```
    3 8 2
×       4
```

⑧
```
    5 2 4
×       3
```

⑨
```
    6 4 3
×       3
```

⑩
```
    6 4 0
×       6
```

⑪
```
    4 9 1
×       6
```

⑫
```
    8 9 1
×       6
```

⑬
```
    6 2 0
×       8
```

⑭
```
    3 5 1
×       6
```

⑮
```
    5 3 0
×       5
```

⑯
```
    2 5 1
×       3
```

⑰
```
    3 4 2
×       4
```

⑱
```
    1 9 2
×       3
```

⑲
```
    2 1 6
×       3
```

⑳
```
    4 7 2
×       2
```

5 DAY
B

(세 자리 수)×(한 자리 수)
곱셈 계산하기(2)

곱셈을 계산하세요.

①		1	2	1
	×			9

②		2	3	1
	×			8

③		9	4	3
	×			3

④		7	4	0
	×			3

⑤		4	7	1
	×			8

⑥		5	7	0
	×			4

⑦		8	1	3
	×			4

⑧		9	0	7
	×			6

⑨		1	9	1
	×			8

⑩		7	2	1
	×			7

⑪		2	5	0
	×			8

⑫		4	2	1
	×			6

⑬		2	7	1
	×			5

⑭		8	5	0
	×			5

⑮		9	2	3
	×			4

⑯		2	1	7
	×			3

⑰		3	1	4
	×			3

⑱		1	0	7
	×			6

⑲		2	5	2
	×			3

⑳		4	1	6
	×			3

석이가 배가 고파서 근처 식당에 들어갔습니다.
석이가 고른 음식의 가격과 먹은 음식의 수를 보고
석이가 내야 하는 금액이 얼마인지 계산하세요.

음식	가격	주문한 음식의 수	금액
떡볶이	240	3	240×3=
튀김	154	2	
김밥	352	2	

총 금액 : _____

03. 용사여, 장비가 필요한가?

몬스터를 잡으려다 도망친 조석.
그에게는 강한 칼과 방패가 필요했다.

먼저 장비를
구입해야겠군.

레벨이 낮은 자는
살아남을 수 없는
〈마음의 소리 왕국〉

어디서
사야 할지 모르겠어.

주문을
외쳐야겠군!

나는야 계산왕!

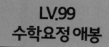

LV.99
수학요정 애봉

안녕하세염?
이번엔 또
무슨 일이시졈?

장비를 구입할
수 있는 곳으로
나를 안내해 줘.

여긴가 보군!
어서 장비를
구입해야겠어!

장비상점
고급 장비 팔아요

앗, 이게
다 뭐야?

전부
곱셈식이잖아?

가격표

23x12	46x21	12x34
54x40 77x13	16x17	36x27

LV.100
장비상점 주인

무엇이 필요하여 여기까지 오게 되었는가, 용사여!
우리 물건은 돈만으로는 살 수 없어!
이곳에 있는 장비를 사고 싶다면
네가 사고 싶은 장비의 가격을 맞혀야 한다!

아아, 저 영롱한 검의 빛깔!

저것은 나의 검이다!

그런데 문제를 어떻게 풀지?

20×30

예전에 가게에서 일을 했던 기억이 떠올랐다.

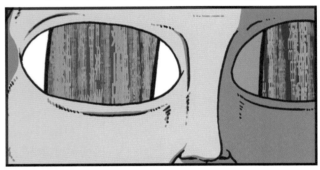

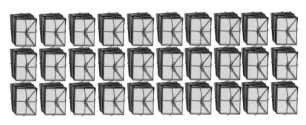

봉투 20장을 한 묶음으로 만들었던 기억이….

아버지께 혼나 가며
봉투 20장을 하나의 묶음으로 만들었어야 했지.
봉투 20장씩 1묶음이 30개 있다고 생각하면…
저 아름다운 칼을 얻을 수 있어!!!!!!!!!

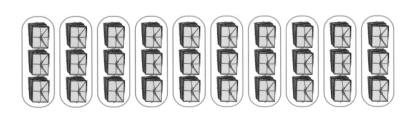

20매 3개를
세로로 묶어 보자!
그러면 10묶음이 나오니까
식을 세울 수 있겠어!

봉투 20장이 3묶음씩 있으면 20×3=60
이게 총 10묶음 있으니까 60×10을 계산하면 600

600!
답은 600이다!

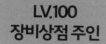

LV.100
장비상점 주인

앗, 정답을 맞히다니….
하지만 이 검은 그 어떤 검보다 귀한 검!
가지고 싶다면 한 문제를 더 풀어야 한다.
12×20!!! 12×20을 풀어라!!

제가
못할 것 같나요?

다시 한 번
보여 드리죠.

이번엔 색연필로 해 볼게요.

12색 연필 20개를 2개씩 묶으면 12×2=24! 24개씩 묶은 것이 10개 있으니 24×10을 구하면…

답은 240!!!!

내.가.졌.다. 칼을 가져가거라.

이제 방패를 구하러 가 볼까나?

이번엔 이것이닷!

캐앱틴 아뭬에리카 방패
23×13

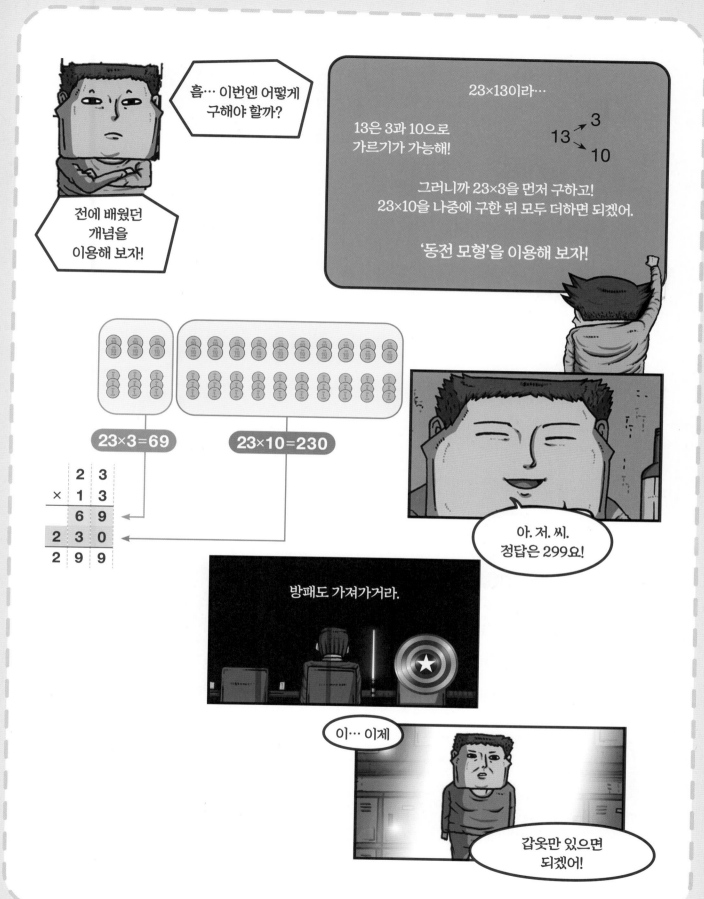

용사여! 옷이 없는가!
마지막으로 내가 내는 문제 2개를 해결한다면!
옷을 바로 가져다주겠다 약속하지.

상의
26×13

하의
23×42

올림이 있는 문제니
올림을 잘 표시해서
구해야겠어!

꼭 다 벗고
계산해야 하나?
너무너무 창피하다.

$$
\begin{array}{r}
2\,6 \\
\times\;1\,3 \\
\hline
8
\end{array}
\;\rightarrow\;
\begin{array}{r}
2\,6 \\
\times\;1\,3 \\
\hline
7\,8
\end{array}
\;\rightarrow\;
\begin{array}{r}
2\,6 \\
\times\;1\,3 \\
\hline
7\,8 \\
6
\end{array}
\;\rightarrow\;
\begin{array}{r}
2\,6 \\
\times\;1\,3 \\
\hline
7\,8 \\
2\,6
\end{array}
\;\rightarrow\;
\begin{array}{r}
2\,6 \\
\times\;1\,3 \\
\hline
7\,8 \\
2\,6 \\
\hline
3\,3\,8
\end{array}
$$

$$
\begin{array}{r}
2\,3 \\
\times\;4\,2 \\
\hline
6
\end{array}
\;\rightarrow\;
\begin{array}{r}
2\,3 \\
\times\;4\,2 \\
\hline
4\,6
\end{array}
\;\rightarrow\;
\begin{array}{r}
2\,3 \\
\times\;4\,2 \\
\hline
4\,6 \\
2
\end{array}
\;\rightarrow\;
\begin{array}{r}
2\,3 \\
\times\;4\,2 \\
\hline
4\,6 \\
9\,2
\end{array}
\;\rightarrow\;
\begin{array}{r}
2\,3 \\
\times\;4\,2 \\
\hline
4\,6 \\
9\,2 \\
\hline
9\,6\,6
\end{array}
$$

이렇게나
쉽게 맞히다니!

역시 자네는 대단한 용사야!

이제 어서 저 세계로 나아가
몬스터들을 무찔러 주게!

이제 준비가 다 되었다
다 덤벼라!!!!!!

마음의
꿀팁

(두 자리 수)×(두 자리 수) 계산을 할 때는 곱하는 수 일의 자리와 곱해지는 수를
먼저 곱하고 난 후, 곱하는 수 십의 자리와 곱해지는 수를 다시 한 번 곱해야 해.
여기서 중요한 건 올림한 값을 적고, 자릿값을 확인하면서 계산해야 한다는 거야.

배의 개념으로 곱셈 계산하기(1)

(몇십)×(몇십)은 배의 개념으로 풀 수 있어. 2의
10배는 20이고, 20의 10배는 200이 되지? 이렇게
10배를 하면 곱해지는 수에 0 하나를 더 붙이면 돼.

💬 빈칸에 알맞은 수를 써넣으세요.

예시
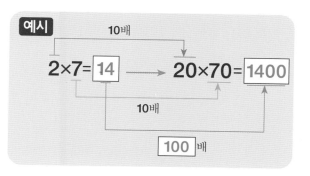

①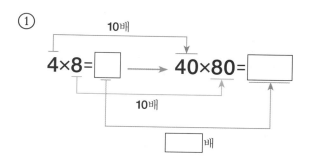

②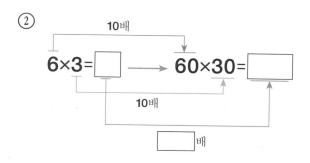

③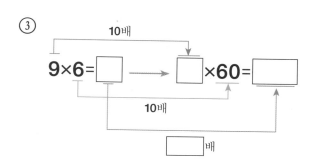

④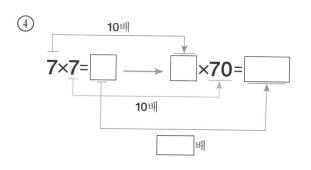

⑤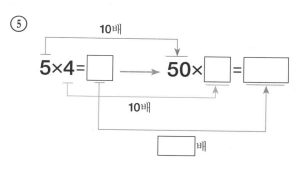

⑥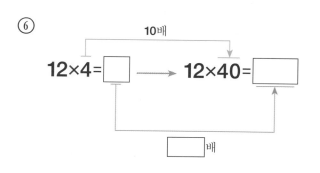

⑦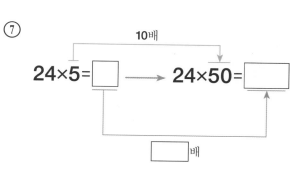

03. 용사여, 장비가 필요한가?

빈칸에 알맞은 수를 써넣으세요.

①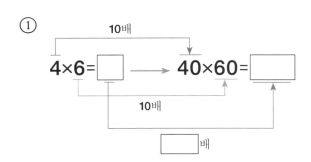

②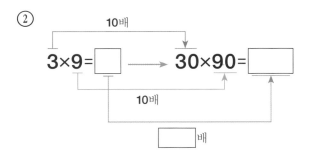

③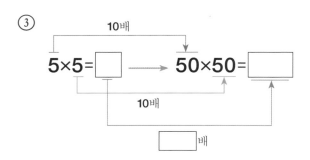

④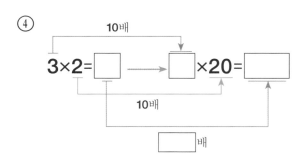

⑤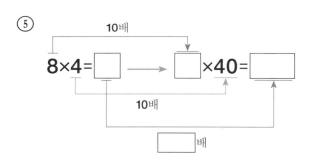

⑥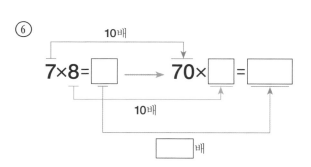

⑦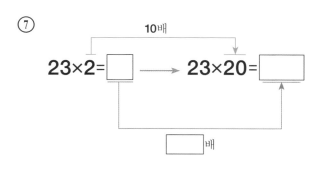

⑧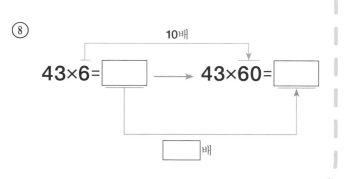

배의 개념으로 곱셈 계산하기(2)

(몇십)×(몇십)을 계산할 때는 배의 개념을 이용해서 계산해야 좋아. 예를 들어서 40×30을 할 때는 4×3을 계산한 결과 끝에 0을 두 개 붙이면 돼! 배의 개념을 이용하지!

 곱셈을 계산하세요.

예시 40×40=1600

① 30×60=

② 45×20=

③ 52×30=

④ 32×70=

⑤ 50×20=

⑥ 28×50=

⑦ 14×60=

⑧ 60×50=

⑨ 16×30=

⑩ 70×50=

⑪ 42×30=

⑫ 90×40=

⑬ 43×60=

⑭ 55×40=

⑮ 23×40=

⑯ 25×50=

⑰ 26×50=

⑱ 20×90=

⑲ 36×40=

⑳ 83×80=

곱셈을 계산하세요.

① 60×40 =

② 80×60 =

③ 39×30 =

④ 13×90 =

⑤ 72×30 =

⑥ 92×40 =

⑦ 19×50 =

⑧ 66×60 =

⑨ 78×40 =

⑩ 23×70 =

⑪ 47×50 =

⑫ 62×30 =

⑬ 99×20 =

⑭ 75×60 =

⑮ 69×20 =

⑯ 84×40 =

⑰ 87×50 =

⑱ 34×50 =

⑲ 71×90 =

⑳ 96×30 =

㉑ 85×20 =

(몇십몇)×(몇십몇) 곱셈 원리를 이용해서 계산하기

(몇십몇)×(몇십몇)을 계산할 때 곱하는 수 (몇십몇)을 십의 자리와 일의 자리로 나누어서 곱한 후 더하는 방법을 써 봐. 그러면 곱셈 방법을 쉽게 이해할 수 있어!

빈칸에 알맞은 수를 써넣고 계산하세요.

예시 25×14=25× 10 +25× 4

= 250 + 100

= 350

```
      2 5
  ×   1 4
  1 0 0
    2 5
  3 5 0
```

① 32×14=32×□+32×□

=□+□

=□

```
      3 2
  ×   1 4
```

② 62×15=62×□+62×□

=□+□

=□

```
      6 2
  ×   1 5
```

③ 27×18=27×□+27×□

=□+□

=□

```
      2 7
  ×   1 8
```

④ 44×13=44×□+44×□

=□+□

=□

```
      4 4
  ×   1 3
```

⑤ 52×16=52×□+52×□

=□+□

=□

```
      5 2
  ×   1 6
```

⑥ 18×14=18×□+18×□

=□+□

=□

```
      1 8
  ×   1 4
```

⑦ 47×21=47×□+47×□

=□+□

=□

```
      4 7
  ×   2 1
```

⑧ 35×12=35×□+35×□

=□+□

=□

```
      3 5
  ×   1 2
```

⑨ 81×15=81×□+81×□

=□+□

=□

```
      8 1
  ×   1 5
```

(몇십몇)×(몇십몇) 곱셈
원리를 이용해서 계산하기

빈칸에 알맞은 수를 써넣고 계산하세요.

① 72×13=72× ☐ +72× ☐

= ☐ + ☐

= ☐

```
    7 2
  ×  1 3
```

② 29×16=29× ☐ +29× ☐

= ☐ + ☐

= ☐

```
    2 9
  ×  1 6
```

③ 51×13=51× ☐ +51× ☐

= ☐ + ☐

= ☐

```
    5 1
  ×  1 3
```

④ 67×14=67× ☐ +67× ☐

= ☐ + ☐

= ☐

```
    6 7
  ×  1 4
```

⑤ 37×21=37× ☐ +37× ☐

= ☐ + ☐

= ☐

```
    3 7
  ×  2 1
```

⑥ 42×23=42× ☐ +42× ☐

= ☐ + ☐

= ☐

```
    4 2
  ×  2 3
```

⑦ 60×13=60× ☐ +60× ☐

= ☐ + ☐

= ☐

```
    6 0
  ×  1 3
```

⑧ 58×17=58× ☐ +58× ☐

= ☐ + ☐

= ☐

```
    5 8
  ×  1 7
```

⑨ 76×12=76× ☐ +76× ☐

= ☐ + ☐

= ☐

```
    7 6
  ×  1 2
```

⑩ 63×14=63× ☐ +63× ☐

= ☐ + ☐

= ☐

```
    6 3
  ×  1 4
```

4 DAY

A (몇십몇)×(몇십몇) 계산하기

곱셈의 원리를 이해하고 계산해야 해. 원리를 모르고 문제만 반복해서 푸는 건 좋지 않아. 우리가 이제까지 공부했던 곱셈을 떠올리면서 계산해 봐! 넌 할 수 있어!

 곱셈을 계산하세요.

 25의 일의 자리와 곱하는 수 일의 자리 3을 먼저 계산해.

```
  2 5
× 1 3
```

```
    2 5
×   1 3
      5
```

```
    2 5
×   1 3
    7 5
```

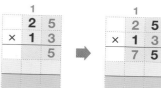 그다음 25의 십의 자리와 곱하는 수의 일의 자리 3을 곱해 주는 거지?

 맞아. 이번에는 25와 곱하는 수 10을 곱해 줘.

```
    2 5
×   1 3
    7 5
  5 0
```

 25와 1을 곱하는 게 아니라 10을 곱하는 거구나!

```
    2 5
×   1 3
    7 5
  2 5 0
```

```
      2 5
×     1 3
      7 5   → 25×3
  2 5 0     → 25×10
  3 2 5
```

 마지막으로 두 값을 더해 주는 거야.

 250에서 0은 적지 않아도 돼.

예시
```
    4 5
×   1 4
  1 8 0
  4 5
  6 3 0
```

①
```
    3 6
×   1 5
```

②
```
    3 7
×   2 1
```

③
```
    1 9
×   3 1
```

④
```
    6 2
×   6 2
```

⑤
```
    7 5
×   1 8
```

⑥
```
    2 5
×   1 5
```

⑦
```
    3 2
×   2 4
```

⑧
```
    4 6
×   2 1
```

⑨
```
    3 2
×   1 6
```

⑩
```
    1 6
×   4 1
```

⑪
```
    2 4
×   1 3
```

**(몇십몇)×(몇십몇)
계산하기**

🗨 곱셈을 계산하세요.

①
```
      1  8
×     4  1
```

②
```
      2  4
×     3  2
```

③
```
      7  3
×     1  2
```

④
```
      6  4
×     1  4
```

⑤
```
      4  2
×     2  3
```

⑥
```
      5  7
×     1  3
```

⑦
```
      3  3
×     2  9
```

⑧
```
      1  3
×     4  2
```

⑨
```
      2  0
×     1  3
```

⑩
```
      2  4
×     2  2
```

⑪
```
      7  6
×     1  1
```

⑫
```
      1  7
×     1  7
```

⑬
```
      5  2
×     1  8
```

⑭
```
      1  2
×     4  7
```

⑮
```
      2  1
×     4  8
```

⑯
```
      6  9
×     1  2
```

**(몇십몇)×(몇십몇)
계산하기**

곱셈을 계산하기 전에 어림을 해 봐. 어림을 하고
계산하면 실수도 줄고 내가 계산한 결과가 대략 얼마
쯤 될지 알 수 있어! 어림을 반복할수록 실력이 늘 거야!

💬 관계있는 것끼리 이어 보세요.

①
32×28 •
32×43 •
• 896
• 1290
• 1376

②
47×18 •
36×25 •
• 786
• 900
• 846

③
28×14 •
12×45 •
• 392
• 412
• 540

④
22×42 •
34×18 •
• 924
• 824
• 612

⑤
40×50 •
28×40 •
• 1120
• 1020
• 2000

⑥
39×21 •
42×17 •
• 714
• 819
• 919

⑦
12×36 •
34×14 •
• 430
• 432
• 476

⑧
27×15 •
38×15 •
• 570
• 555
• 405

(몇십몇)×(몇십몇)
계산하기

관계있는 것끼리 이어 보세요.

①

32×24 ·

34×22 ·

· 748

· 758

· 768

②

21×47 ·

54×18 ·

· 982

· 987

· 972

③

46×14 ·

32×17 ·

· 644

· 544

· 744

④

61×14 ·

29×26 ·

· 754

· 768

· 854

⑤

54×16 ·

34×26 ·

· 874

· 864

· 884

⑥

23×19 ·

18×26 ·

· 468

· 437

· 454

⑦

62×13 ·

21×36 ·

· 806

· 786

· 756

⑧

12×34 ·

22×14 ·

· 308

· 508

· 408

석이와 애봉이가 서로가 푼 문제를 바꿔 풀기로 했습니다.
석이와 애봉이가 푼 문제에서 잘못된 부분을 찾아 ○ 표시하고 바르게 계산하세요.

석이가 푼 문제

```
      2  4
  ×   1  4
      8  4
   2  4
   3  2  4
```

바르게 계산한 문제

```
  ×
```

내 계산은
틀린 곳이 없을걸?

애봉이가 푼 문제

```
      3  6
  ×   1  6
   1  8  6
      3  6
   2  2  2
```

바르게 계산한 문제

```
  ×
```

곱셈은
이 애봉 님이 최고지!

04. 대탈출

허허…
거… 참

언제까지 이 게임 속에
있어야 하지?
가족이 보고 싶다.

23×42

곱셈식이다!

가족이 보고 싶어서 흐느끼며
가족 사진을 보는 석이….
그러다 갑자기 무엇인가 떨어졌다. 툭.

지금은 울 때가
아니다!

계산하는
방법을 떠올려 보자!

42를 40과 2로 가르기 한 후 곱하는
원리로 생각해 보자!

42 → 2   23×2
   → 40 23×40   → 966

23×2를 하면 46이 나오고
23×40은 23×4의 10배니까 9200이 나와.
두 값을 합치면 답을 구할 수 있지!

다른 방법도 한 번 볼까?

```
        2  3
   ×    4  2
        4  6    → 23×2
     9  2  0    → 23×40
     9  6  6
```

```
      2 3        2 3        ① 2 3        ① 2 3          2 3
  × 4 2    →  × 4 2   →   × 4 2    →   × 4 2    →    × 4 2
        6        4 6        4 6          4 6            4 6
                              2       9  2          9 2
                                                    9 6 6
```

차근차근 계산을 다시 해 보자.
여기서도 중요한 건 역시 23의 3과 42의 4를 곱할 때야.
42의 4는 40을 뜻하니까 3×40=120이 되어서
120의 백의 자리 1을 올림해야 해!
왜냐하면 우리는 십의 자리에서 계산을 하고 있기 때문이지!
역시 난 천재! 아, 어서 집에 가고 싶다….

나는야 계산왕!

집에 갈 수 있는
방법을 물어봐야겠어!

그걸 왜 이제야 말해?

……?

아니야.
차근차근 세로셈으로
계산해 보겠어!

57의 일의 자리 7과
23의 일의 자리 3을 곱하면 21!!
2는 십의 자리니까 십의 자리
위쪽에 써 놓아야 해!

[2]

$$
\begin{array}{r}
5\ 7 \\
\times\ 2\ 3 \\
\hline
1
\end{array}
$$

57의 5와 3을 곱하면
150이 나오는데 아까 십의 자리에
2를 올림했으니까 170이 되지.
여기에 일의 자리 1을
그대로 쓰면 171이야.

[2]

$$
\begin{array}{r}
5\ 7 \\
\times\ 2\ 3 \\
\hline
1\ 7\ 1
\end{array}
$$

[1]

$$
\begin{array}{r}
5\ 7 \\
\times\ 2\ 3 \\
\hline
1\ 7\ 1 \\
4
\end{array}
$$

다음, 57의 일의 자리 7과
23의 십의 자리 2를 곱하면 140!
140의 1은 백의 자리 수니까
백의 자리 위치, ×의 위쪽에 1을 적어 놓고!

[1]

$$
\begin{array}{r}
5\ 7 \\
\times\ 2\ 3 \\
\hline
1\ 7\ 1 \\
1\ 1\ 4
\end{array}
$$

57의 십의 자리 5와 23의
십의 자리 2를 곱하면 50×20=1000
아까 × 표시 위에 1은 100을 뜻하니까
1000+100+40=1140이 나와. 여기서 0은
안 적어도 되는 거 알지?

이제 모든 값을 더하면
답이 나오지!
정답은!

$$
\begin{array}{r}
5\ 7 \\
\times\ 2\ 3 \\
\hline
1\ 7\ 1 \\
1\ 1\ 4 \\
\hline
1\ 3\ 1\ 1
\end{array}
$$

1311이야!
이제 집에 갈 수 있다!

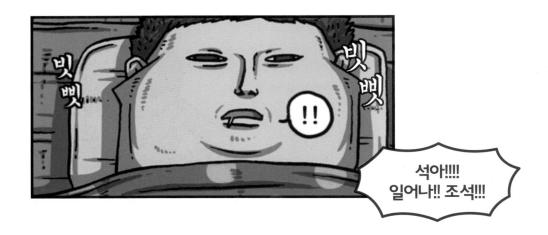

??????????!!!!!!!!!!

뭐지… 이것은 꿈? 나는 뭘 한 건가…. 하!

마음의
꿀팁

곱셈을 계산한 후 계산 과정을 꼭 다시 한 번 확인해야 해. 계산 실수가 많이 나오는 단원이 곱셈이거든! 내가 푼 풀이가 맞는지 확인하는 습관을 통해 개념을 정교하게 익히고 연산 능력을 키울 수 있어.

(몇십몇)×(몇십몇)
계산하는 방법 알아보기(1)

곱셈을 계산할 때는 올림을 바르게 표시해야 실수하지
않아! 차근차근 곱하는 방법을 익히는 게 무엇보다
중요하겠지?

💬 빈칸에 알맞은 수를 쓰고 계산하세요.

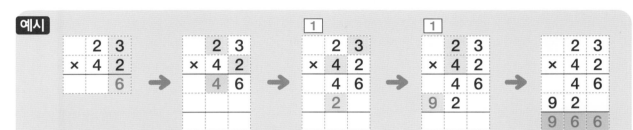

①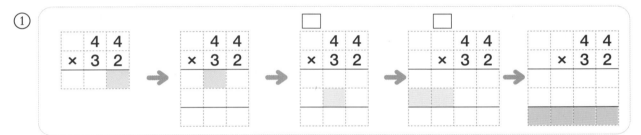

②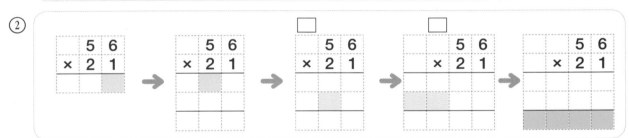

③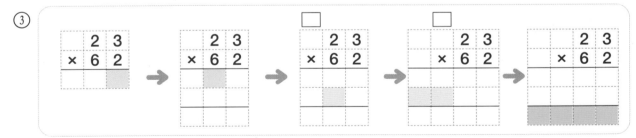

④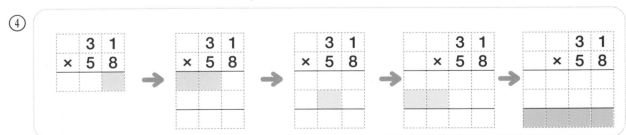

(몇십몇)×(몇십몇)
계산하는 방법 알아보기(1)

● 빈칸에 알맞은 수를 쓰고 계산하세요.

①
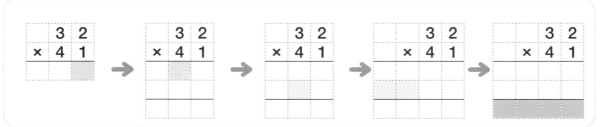

②
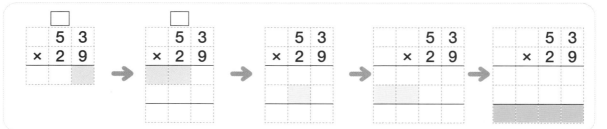

③

④
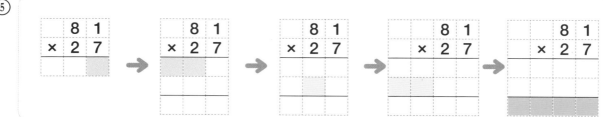

⑤

(몇십몇)×(몇십몇) 계산하는 방법 알아보기(2)

💬 빈칸에 알맞은 수를 쓰고 계산하세요.

①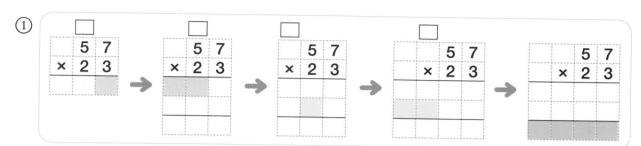

②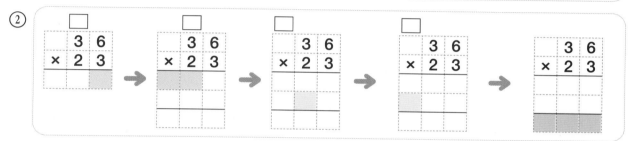

③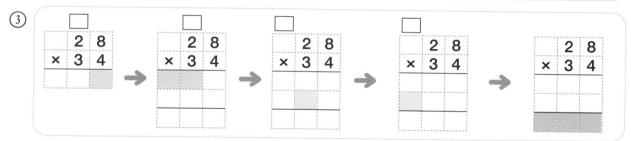

④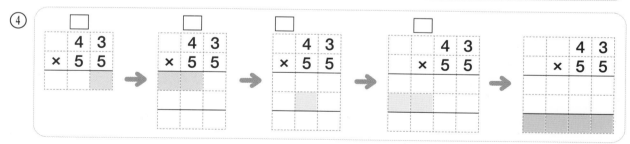

⑤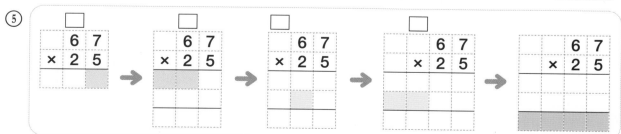

(몇십몇)×(몇십몇) 계산하는 방법 알아보기(2)

💬 빈칸에 알맞은 수를 쓰고 계산하세요.

①
```
    4 4        4 4        4 4        4 4        4 4
  × 5 7      × 5 7      × 5 7      × 5 7      × 5 7
```

②

```
    2 9        2 9        2 9        2 9        2 9
  × 9 3      × 9 3      × 9 3      × 9 3      × 9 3
```

③
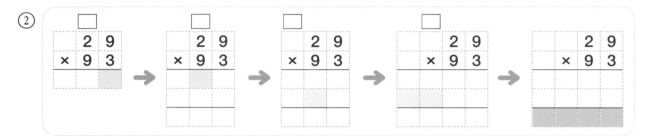
```
    7 3        7 3        7 3        7 3        7 3
  × 3 4      × 3 4      × 3 4      × 3 4      × 3 4
```

④
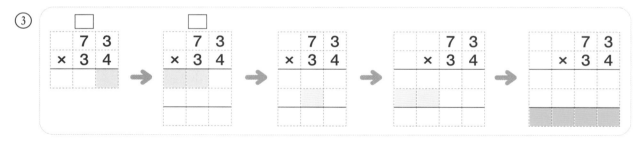
```
    8 1        8 1        8 1        8 1        8 1
  × 2 7      × 2 7      × 2 7      × 2 7      × 2 7
```

⑤
```
    6 3        6 3        6 3        6 3        6 3
  × 4 1      × 4 1      × 4 1      × 4 1      × 4 1
```

**(몇십몇)×(몇십몇)
계산하기**

세로셈 계산하는 방법 배웠지? 세로셈으로 계산하는
문제를 여러 번 풀어 봐야 해. 계산할 때 올림 표시를
잊지 말고 차근차근 계산하자.

💬 곱셈을 계산해 보세요.

①
```
    3 6
×   2 2
```

②
```
    5 4
×   4 1
```

③
```
    7 2
×   4 6
```

④
```
    5 8
×   2 1
```

⑤
```
    4 6
×   3 6
```

⑥
```
    5 2
×   5 6
```

⑦
```
    8 3
×   5 4
```

⑧
```
    2 8
×   4 3
```

⑨
```
    2 9
×   3 8
```

⑩
```
    6 7
×   2 3
```

⑪
```
    4 6
×   5 6
```

⑫
```
    8 8
×   2 2
```

⑬
```
    4 5
×   4 9
```

⑭
```
    5 2
×   6 4
```

⑮
```
    4 7
×   3 8
```

⑯
```
    9 2
×   6 3
```

⑰
```
    3 6
×   2 8
```

⑱
```
    1 9
×   4 7
```

⑲
```
    2 8
×   4 6
```

⑳
```
    6 4
×   3 8
```

(몇십몇)×(몇십몇)
계산하기

💬 곱셈을 계산해 보세요.

①
```
    2 4
×   7 1
```

②
```
    3 9
×   4 2
```

③
```
    6 1
×   3 3
```

④
```
    7 9
×   2 2
```

⑤
```
    8 5
×   2 5
```

⑥
```
    6 3
×   3 7
```

⑦
```
    3 3
×   2 7
```

⑧
```
    7 4
×   4 2
```

⑨
```
    3 1
×   8 4
```

⑩
```
    2 6
×   5 3
```

⑪
```
    4 9
×   2 2
```

⑫
```
    6 2
×   3 7
```

⑬
```
    8 7
×   3 8
```

⑭
```
    2 3
×   4 1
```

⑮
```
    9 3
×   2 3
```

⑯
```
    4 9
×   4 3
```

⑰
```
    9 6
×   2 8
```

⑱
```
    4 4
×   5 5
```

⑲
```
    7 3
×   2 4
```

⑳
```
    5 8
×   6 6
```

가장 큰 수와 가장 작은 수
찾고 곱하기

곱하기 전에 네 수 중 가장 큰 수와 가장 작은 수를
찾아야 해! 곱하는 순서는 상관없는거 알지? 가로셈으로
곱하는 게 어려울 때는 세로셈으로 바꿔서 계산해 봐.

네 수 중 가장 큰 수와 가장 작은 수의 곱을 구하세요

예시
21, 48, 24, 32

| 48 | × | 21 | = | 1008 |

① 34, 62, 42, 54

☐ × ☐ = ☐

② 58, 24, 36, 19

☐ × ☐ = ☐

③ 63, 76, 18, 21

☐ × ☐ = ☐

④ 55, 43, 26, 19

☐ × ☐ = ☐

⑤ 38, 34, 57, 56

☐ × ☐ = ☐

⑥ 46, 48, 66, 61

☐ × ☐ = ☐

⑦ 79, 58, 64, 60

☐ × ☐ = ☐

⑧ 66, 65, 85, 77

☐ × ☐ = ☐

⑨ 26, 38, 44, 65

☐ × ☐ = ☐

⑩ 84, 95, 96, 91

☐ × ☐ = ☐

⑪ 72, 49, 44, 76

☐ × ☐ = ☐

⑫ 17, 25, 21, 45

☐ × ☐ = ☐

⑬ 66, 29, 32, 14

☐ × ☐ = ☐

⑭ 45, 46, 28, 25

☐ × ☐ = ☐

⑮ 31, 21, 75, 19

☐ × ☐ = ☐

⑯ 94, 36, 37, 46

☐ × ☐ = ☐

⑰ 38, 41, 58, 32

☐ × ☐ = ☐

가장 큰 수와 가장 작은 수
찾고 곱하기

네 수 중 가장 큰 수와 가장 작은 수의 곱을 구하세요.

① 27, 75, 54, 26

☐ × ☐ = ☐

② 37, 45, 61, 52

☐ × ☐ = ☐

③ 47, 63, 59, 49

☐ × ☐ = ☐

④ 33, 38, 34, 39

☐ × ☐ = ☐

⑤ 95, 76, 84, 75

☐ × ☐ = ☐

⑥ 81, 72, 68, 56

☐ × ☐ = ☐

⑦ 82, 78, 59, 67

☐ × ☐ = ☐

⑧ 27, 35, 29, 33

☐ × ☐ = ☐

⑨ 52, 17, 87, 77

☐ × ☐ = ☐

⑩ 92, 42, 35, 69

☐ × ☐ = ☐

⑪ 24, 32, 41, 34

☐ × ☐ = ☐

⑫ 51, 67, 64, 53

☐ × ☐ = ☐

⑬ 48, 62, 51, 82

☐ × ☐ = ☐

⑭ 50, 34, 66, 88

☐ × ☐ = ☐

⑮ 67, 18, 33, 51

☐ × ☐ = ☐

⑯ 48, 25, 39, 92

☐ × ☐ = ☐

⑰ 44, 57, 63, 29

☐ × ☐ = ☐

⑱ 54, 74, 28, 93

☐ × ☐ = ☐

수 카드를 이용해서
가장 큰 수 만들기

곱셈 계산 결과가 가장 큰 (몇십몇)×(몇십몇) 곱셈식을
완성하려면 십의 자리에 가장 큰 수가 들어가야 해. 원리를
알고 계산해야 실수하지 않고 문제를 해결할 수 있어.

수 카드 **3**장을 한 번씩만 사용하여 계산 결과가 가장 큰 (몇십몇)×(몇십몇) 곱셈식을 완성하고
계산 결과를 구하세요.

①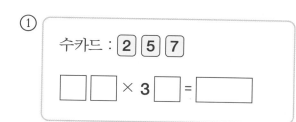

②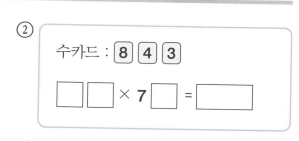

③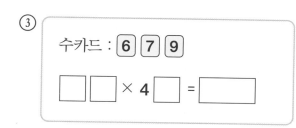

④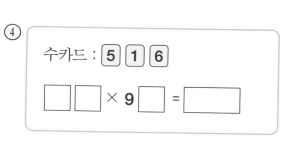

⑤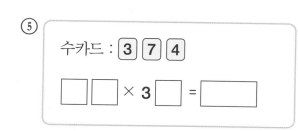

⑥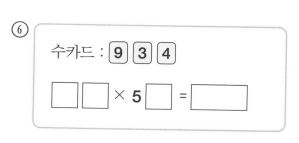

수 카드를 이용해서
가장 큰 수 만들기

수 카드 **3**장을 한 번씩만 사용하여 계산 결과가 가장 큰 (몇십몇)×(몇십몇) 곱셈식을 완성하고
계산 결과를 구하세요.

① 수카드 : ③ ④ ⑥

$$\boxed{}\boxed{} \times 5\boxed{} = \boxed{}$$

② 수카드 : ⑨ ⑥ ②

$$\boxed{}\boxed{} \times 7\boxed{} = \boxed{}$$

③ 수카드 : ② ⑧ ⑦

$$\boxed{}\boxed{} \times 3\boxed{} = \boxed{}$$

④ 수카드 : ④ ② ③

$$\boxed{}\boxed{} \times 9\boxed{} = \boxed{}$$

⑤ 수카드 : ⑥ ⑦ ③

$$\boxed{}\boxed{} \times 6\boxed{} = \boxed{}$$

⑥ 수카드 : ⑤ ② ⑨

$$\boxed{}\boxed{} \times 4\boxed{} = \boxed{}$$

⑦ 수카드 : ⑨ ⑥ ⑧

$$\boxed{}\boxed{} \times 2\boxed{} = \boxed{}$$

⑧ 수카드 : ⑦ ③ ⑤

$$\boxed{}\boxed{} \times 8\boxed{} = \boxed{}$$

⑨ 수카드 : ④ ① ⑨

$$\boxed{}\boxed{} \times 3\boxed{} = \boxed{}$$

⑩ 수카드 : ⑥ ③ ⑧

$$\boxed{}\boxed{} \times 5\boxed{} = \boxed{}$$

석이와 애봉이가 동화책을 읽고 있습니다.
석이는 동화책을 하루에 **26**쪽,
애봉이는 동화책을 하루에 **23**쪽씩 읽으려고 합니다.
4주 동안 읽을 수 있는 동화책은 모두 몇 쪽일까요?

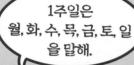

1주일은
월, 화, 수, 목, 금, 토, 일
을 말해.

1주가 7일이니까
4주면 7×4=28
즉, 4주는 28일이야.

이제 나와 석이가 하루에 읽는
동화책 쪽수와 28일을
곱하면 구할 수 있겠지?

석이가 4주 동안 읽을 동화책 쪽수 :

식 :

답 :

애봉이가 4주 동안 읽을 동화책 쪽수 :

식 :

답 :

05. 간식을 건 운명의 대결

석이는 요즘 잠을 잘 이루지 못하고 있다.
상점에서 산 장비들을 써 보지 못하고
게임을 마쳐야 했기 때문!

다시!
이번엔 장비를 사용해
보아야겠어!

아… 아무것도
써 보지 못하다니
분하다….

패

앗

새로워진
모습으로
다시 도전하겠어!

게임 업데이트 중

LOADING … 95%

라고 아무 말이나 하며
〈마음의 소리 왕국〉으로 다시 접속한 조석!

갑자기
무슨 업데이트야…?

82

장소1. 마트

어? 여기는 전에 왔던 마트잖아?

그런데 무엇인가 다른 이 느낌은 뭐지?

일단 체력을 좀 채우자.

LV.1 조석 | 체력 / 경험치

오~
세일
소시지 1개 30÷3원
삼겹살 1근 96÷3원

뭐… 뭐야… 간신히 곱셈 끝내고 왔더니 웬 나눗셈?

모르겠다. 요정을 불러야겠어!

얼굴이 이상해.

LV.99 수학요정 애봉

도와줘, 수학요정! 마트에서 물건을 사 먹으려면 어떻게 해야 해?

알려 드리겠습니다.

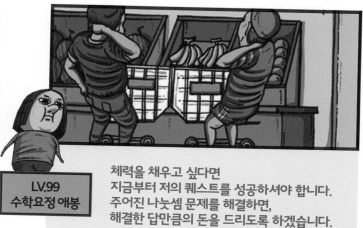

LV.99 수학요정 애봉

체력을 채우고 싶다면 지금부터 저의 퀘스트를 성공하셔야 합니다. 주어진 나눗셈 문제를 해결하면, 해결한 답만큼의 돈을 드리도록 하겠습니다.

수학요정 퀘스트1
80÷4를 구하세요.

흠. 이 정도야!
'÷'는 나눗셈 표시야.
'똑같이 나누어 준다'는 개념을 떠올리면 돼.
(동전으로 생각해 보자.)

10원짜리 모형 8개가 있고 이걸 4명에게 똑.같.이. 나누어 준다고 생각하면 돼!

이렇게 생각하니까 쉽네!
이렇게 하면 한 사람당 20원을 갖게 돼.
정답은 20원!

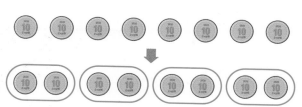

정답입니다!
돈 20원을 획득하셨습니다.
다음 퀘스트를 진행합니다.

36÷3을 구하세요.

뭐, 간단하지!
문제가 어려울 땐
동전 모형을 떠올리면 돼!

먼저 36이니까 10원 3개, 1원 6개가 필요하고
이것을 3개로 똑.같.이. 나누니까 3칸을 그려 봐.
세로식으로 쓰면 3)36 과 같이 쓸 수 있지.

10원짜리 1개를 각 칸에 1개씩 넣을 수 있어!

이제 남은 1원짜리 6개를 3개의 칸에 똑같이
나누면 한 칸에 2개씩 들어가게 되겠지?
우리가 세 개의 칸에 똑.같.이. 나누어 넣은 동전은
모두 12원이야.

3)36

파란색 10은 한 칸에
10원 모형 1개가
들어가 있다는 뜻이야.

$$\begin{array}{r} 1\;0 \\ 3\,\overline{)3\;6} \\ -3\;0 \rightarrow 3 \times 10 \\ \hline 6 \end{array}$$

36-30을 하는 이유는 36에서
우리가 10원 모형 3개,
즉, 30을 이미 사용했다는 뜻이야.
남은 것은 1원짜리 모형
6개라는 걸 알 수 있지.

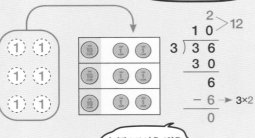

$$\begin{array}{r} 2 \rightarrow 12 \\ 1\;0 \\ 3\,\overline{)3\;6} \\ 3\;0 \\ \hline 6 \\ -\;6 \rightarrow 3 \times 2 \\ \hline 0 \end{array}$$

마지막으로 남은 6원을
다 썼으니 6-6을 해 줘.
그럼 0이 나오지?

정답은…

$$\begin{array}{r} 1\;2 \\ 3\,\overline{)3\;6} \\ 3 \\ \hline 6 \\ 6 \\ \hline 0 \end{array}$$

12다!

오오오! 잘하시네요.
이제 나눗셈식을 세로로 써서
간단하게 계산하는 방법을 알려 드릴게요!

아니야!! 요정! 수고했어!!
나 이제 그만 먹을 것 좀 사 먹으러 갈게…

잠깐만요!

LV.99
수학요정 애봉

세로식을
쓰는 법에 대해서도
알려 줄게요!

(으… 이제 그만… 더 이상 알고 싶지 않다….)

나눗셈식을 세로로 쓰는 방법입니다.

몫   몫

$$36 \div 3 = 12 \qquad 3\overline{)3\ 6}^{1\ 2} \qquad 3\overline{)3\ 6}^{1\ 2}$$

몫   나누는 수   나누어
지는 수

눈누 난나~, 이제 무엇을 사 먹어 볼까아?

에센트거?

노룩파

국내파   해외파

왜 '파'만 있는 거야
……

잠깐!
아직

퀘스트 하나가
더 남았다고요!

수학요정 퀘스트3
42÷3를 구하세요.

진짜 마지막이지?
이것도 역시
동전 모형을 이용해서 풀면 돼.

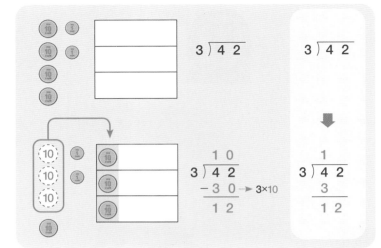

$$3\overline{)42}$$

$$3\overline{)42}$$

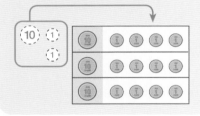

🔟 모형 1개를
① 모형 10개로 바꿔 봐.

주어진 나눗셈식의 몫은 14야!
오늘 퀘스트로 번 돈은 총 46원이군.
뭘 먹어 볼까? ㅎㅎ

뭐야?!
500원이라고?

문어깡
문어마을 2% 함유
지리산 청정칠소 89%
가격 100%정가

마트의 음식 가격은 모두 500원 이상이었다.
오늘도 석이는 아무것도 먹지 못했다.

게다가 문어도 없음.

마음의
꿀팁

나눗셈을 이해할 때는 '똑같이 나누기'라는 개념을 잊지 말아야 해. 예를 들어서
36÷3을 할 때 36을 3칸에 똑같이 나눈다고 생각해야 하거든. 그래서 36의
십 모형 3개를 1칸에 1개씩 넣고 일 모형 6개를 1칸에 2개씩 넣은 거야.

1 DAY

A

내림이 없는 (몇십)÷(몇)

동전 모형을 통해서 나눗셈 문제를 해결하면 몫이 얼마가 되는지 쉽게 알 수가 있어. 10원 모형, 1원 모형을 똑같이 나눠 줘야 한다는 걸 잊지 마.

💬 나눗셈식에 알맞게 동전 모형을 묶고 몫을 구하세요.

예시

$80 \div 4 = \boxed{20}$

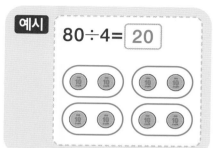

① $60 \div 6 = \boxed{}$

② $20 \div 2 = \boxed{}$

③ $60 \div 3 = \boxed{}$

④ $90 \div 9 = \boxed{}$

⑤ $80 \div 2 = \boxed{}$

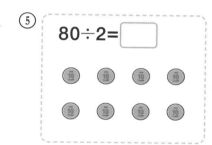

⑥ $50 \div 5 = \boxed{}$

⑦ $90 \div 3 = \boxed{}$

⑧ $40 \div 4 = \boxed{}$

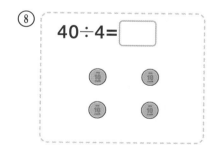

⑨ $60 \div 2 = \boxed{}$

⑩ $70 \div 7 = \boxed{}$

⑪ $80 \div 8 = \boxed{}$

1 DAY
B

내림이 없는 (몇십)÷(몇)

빈칸에 알맞은 수를 써넣으세요.

예시 8÷8= 1 ➡ 80÷8= 10

① 9÷3= ☐ ➡ 90÷3= ☐

② 4÷4= ☐ ➡ 40÷4= ☐

③ 6÷2= ☐ ➡ 60÷2= ☐

④ 5÷5= ☐ ➡ 50÷5= ☐

⑤ 4÷2= ☐ ➡ 40÷2= ☐

⑥ 7÷7= ☐ ➡ 70÷7= ☐

⑦ 8÷2= ☐ ➡ 80÷2= ☐

⑧ 6÷6= ☐ ➡ 60÷6= ☐

⑨ 6÷3= ☐ ➡ 60÷3= ☐

⑩ 9÷9= ☐ ➡ 90÷9= ☐

⑪ 8÷4= ☐ ➡ 80÷4= ☐

⑫ 2÷2= ☐ ➡ 20÷2= ☐

⑬ 3÷3= ☐ ➡ 30÷3= ☐

동전 모형을 통해
(몇십몇)÷(몇) 계산하기

나눗셈을 할 때 그림 또는 모형(동전, 바둑돌)을 이용해서 공부하면 이해하는 데 도움이 될 거야. 똑같이 나누어야 한다는 개념을 적용해서 몫을 구해 보자.

동전 모형을 활용해서 빈칸에 알맞은 동전을 그리고 나눗셈식을 계산하세요.

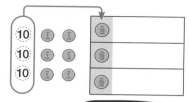

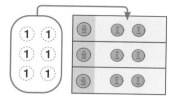

🗨️ 🪙 모형 6개는
2개씩
들어가겠구나~

🗨️ 🪙 모형 3개를
나누어 넣으면
1개씩 들어가.

🗨️ 맞아! 그래서
36을 3으로
나누면 12가
되는 거지~

예시 $36 \div 3 = \boxed{12}$

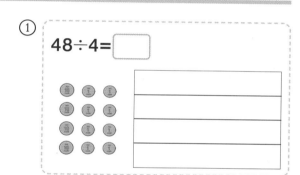

① $48 \div 4 = \boxed{}$

② $24 \div 2 = \boxed{}$

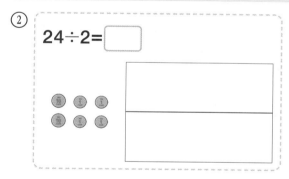

③ $33 \div 3 = \boxed{}$

④ $26 \div 2 = \boxed{}$

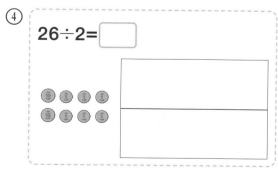

⑤ $39 \div 3 = \boxed{}$

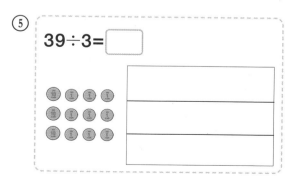

동전 모형을 통해 (몇십몇)÷(몇) 계산하기

동전 모형을 활용해서 빈칸에 알맞은 동전을 그리고 나눗셈식을 계산하세요.

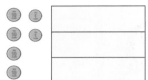
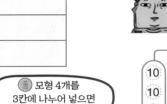
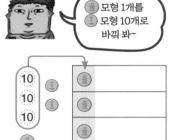
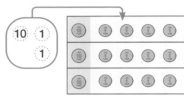

① 32÷2=☐

② 45÷3=☐

③ 56÷4=☐

④ 48÷3=☐

⑤ 34÷2=☐

⑥ 52÷4=☐

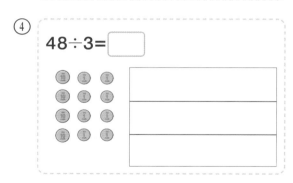
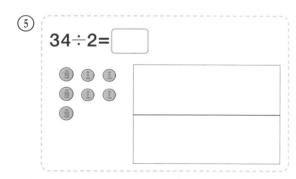
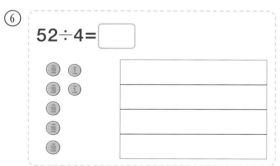

3 DAY A (몇십몇)÷(몇) 계산하는 원리 알아보기

십 모형 1개를 일 모형 10개로 바꿔야 해. 십 모형 4개를 3칸에 똑같이 넣으면 4개 중 1개가 남기 때문에 남는 십 모형을 일 모형 10개로 바꾼 후 계산해야 해.

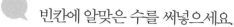

빈칸에 알맞은 수를 써넣으세요

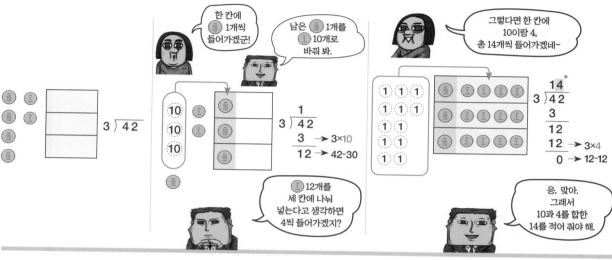

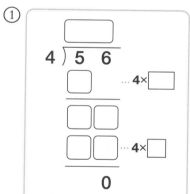

① 4) 5 6 ··· 4× ··· 4× 0

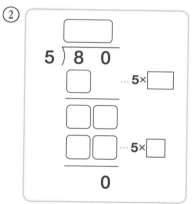

② 5) 8 0 ··· 5× ··· 5× 0

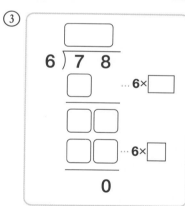

③ 6) 7 8 ··· 6× ··· 6× 0

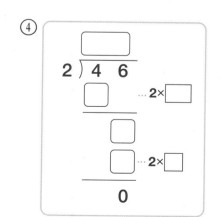

④ 2) 4 6 ··· 2× ··· 2× 0

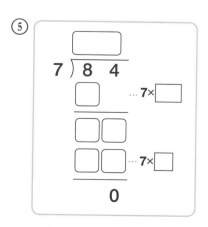

⑤ 7) 8 4 ··· 7× ··· 7× 0

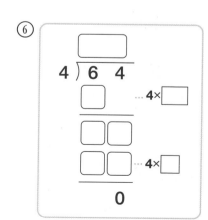

⑥ 4) 6 4 ··· 4× ··· 4× 0

(몇십몇)÷(몇) 계산하는
원리 알아보기

빈칸에 알맞은 수를 써넣으세요.

①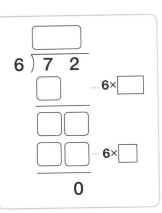

$6) \overline{7\ 2}$ ... $6 \times \square$ ... $6 \times \square$

②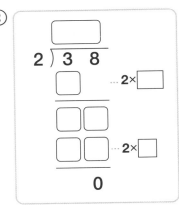

$2) \overline{3\ 8}$ ... $2 \times \square$ ... $2 \times \square$

③

$3) \overline{6\ 6}$ ... $3 \times \square$ ... $3 \times \square$

④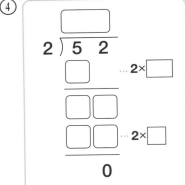

$2) \overline{5\ 2}$ ... $2 \times \square$ ... $2 \times \square$

⑤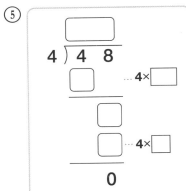

$4) \overline{4\ 8}$ ... $4 \times \square$ ... $4 \times \square$

⑥

$5) \overline{7\ 5}$ ... $5 \times \square$ ... $5 \times \square$

⑦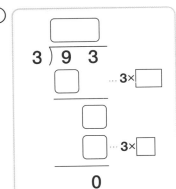

$3) \overline{9\ 3}$ ... $3 \times \square$ ... $3 \times \square$

⑧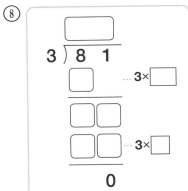

$3) \overline{8\ 1}$ ... $3 \times \square$ ... $3 \times \square$

⑨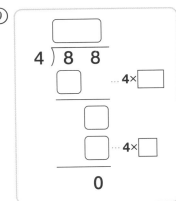

$4) \overline{8\ 8}$ ... $4 \times \square$ ... $4 \times \square$

나눗셈식 계산하기(1)

아래 세로셈에서 먼저 48의 십의 자리 4에 3이 몇 개 들어갈 수 있는지 생각해 봐. 4에 3이 한 번 들어가면 1이 남지? 그래서 18을 3으로 나누는 거야.

💬 세로셈으로 계산해 보세요.

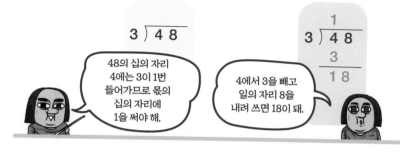

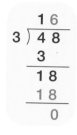

① 3) 3 9

② 6) 7 8

③ 3) 4 5

④ 5) 6 0

⑤ 7) 8 4

⑥ 4) 8 8

⑦ 2) 6 8

⑧ 4) 9 6

⑨ 2) 5 0

⑩ 6) 9 6

⑪ 4) 7 2

⑫ 5) 6 5

⑬ 3) 5 7

⑭ 2) 7 6

⑮ 4) 6 8

⑯ 3) 7 2

나눗셈식 계산하기(1)

세로셈으로 계산해 보세요.

① $3 \overline{)5\,4}$

② $2 \overline{)4\,8}$

③ $7 \overline{)9\,1}$

④ $2 \overline{)3\,8}$

⑤ $4 \overline{)4\,8}$

⑥ $3 \overline{)9\,6}$

⑦ $2 \overline{)5\,8}$

⑧ $3 \overline{)8\,7}$

⑨ $2 \overline{)3\,2}$

⑩ $3 \overline{)8\,1}$

⑪ $6 \overline{)8\,4}$

⑫ $5 \overline{)7\,5}$

⑬ $4 \overline{)9\,2}$

⑭ $6 \overline{)7\,2}$

⑮ $3 \overline{)4\,2}$

⑯ $2 \overline{)3\,6}$

⑰ $5 \overline{)8\,0}$

⑱ $7 \overline{)9\,8}$

⑲ $3 \overline{)6\,6}$

⑳ $6 \overline{)9\,0}$

나눗셈식 계산하기(2)

나눗셈의 계산원리를 이해하고 문제를 풀어야 해.
또, 계산하기 전에 몫이 얼마쯤 될지 어림하고
계산하면 계산 실수를 줄일 수 있어.

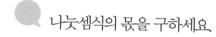

나눗셈식의 몫을 구하세요

예시 $40 \div 4 = 10$

① $48 \div 4 =$ _____

② $90 \div 6 =$ _____

③ $98 \div 7 =$ _____

④ $45 \div 3 =$ _____

⑤ $36 \div 2 =$ _____

⑥ $80 \div 2 =$ _____

⑦ $56 \div 4 =$ _____

⑧ $42 \div 3 =$ _____

⑨ $96 \div 4 =$ _____

⑩ $96 \div 8 =$ _____

⑪ $85 \div 5 =$ _____

⑫ $84 \div 7 =$ _____

⑬ $84 \div 6 =$ _____

⑭ $50 \div 5 =$ _____

⑮ $60 \div 4 =$ _____

⑯ $34 \div 2 =$ _____

⑰ $60 \div 5 =$ _____

⑱ $78 \div 6 =$ _____

⑲ $75 \div 3 =$ _____

⑳ $98 \div 7 =$ _____

나눗셈식 계산하기(2)

나눗셈식의 몫을 구하세요.

① 76÷4= _____

② 66÷3= _____

③ 30÷3= _____

④ 78÷3= _____

⑤ 54÷3= _____

⑥ 28÷2= _____

⑦ 64÷4= _____

⑧ 48÷3= _____

⑨ 91÷7= _____

⑩ 57÷3= _____

⑪ 77÷7= _____

⑫ 52÷4= _____

⑬ 95÷5= _____

⑭ 68÷4= _____

⑮ 46÷2= _____

⑯ 32÷2= _____

⑰ 82÷2= _____

⑱ 39÷3= _____

⑲ 88÷4= _____

⑳ 62÷2= _____

㉑ 75÷5= _____

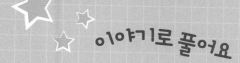

석이와 애봉이는 아빠가 보낸 편지를 읽고
암호를 풀기 위해 나눗셈을 계산하고 있습니다.
열쇠와 보물상자를 알맞게 선으로 이으세요.

보물은 모두 보물 상자에 숨겨 놨다.
보물 상자를 열기 위해서는 열쇠를 찾아야 하지.
주어진 나눗셈 문제의 몫의 값과 같은 수가 적힌
열쇠를 골라서 보물 상자를 열어라!

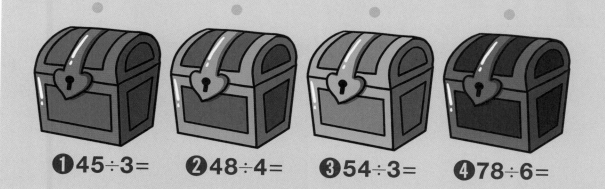

| 13 | 15 | 12 | 18 |

❶ 45÷3=   ❷ 48÷4=   ❸ 54÷3=   ❹ 78÷6=

06. 짝짓기 놀이의 최후

오늘 학교에서
짝짓기 놀이를 한다.
그리고… 난 이 놀이의

최강자

절대로 짝을 놓치지 않는다!

우리 반 인원은 18명….

이제 선생님이
몇 명씩 모이라고 하는지
잘 듣기만 하면 돼!

1라운드

3명!!
3명씩 짝 지어라!

18명이 3명씩 모이니 6개의 모둠이 되었다.

2라운드

그런데… 어… 없다!!!

앗! 둘만 남았다. 저건 누구지? 왠지 느낌이 좋지 않다.

왜지?

왜 다 짝을 지었는데
우린 두 명뿐이지?

이런 바보!
내가 알려 줄까?

동전 모형으로 생각해 봐.
10원 모형 한 개를 1원짜리로 바꾸면
1원짜리 18개가 되지?

그걸 4개의 칸에 똑.같.이. 넣어 봐!

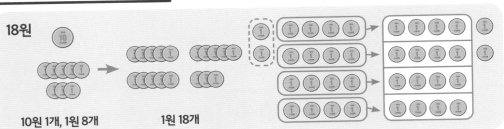

18원

10원 1개, 1원 8개   1원 18개

4개!!!

그럼 한 칸에
몇 개가 들어가지?

그럼 남는 건
몇 개야?

애크

근데
왜 때려!!!

2개

아니, 아직 모르겠어.
더 설명해 줘.

그럼

이해가 되었나?
건방졌던 죄다!!

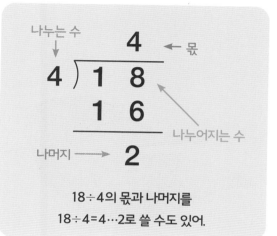

$$4\,)\overline{\,1\ 8\,}$$ 의 몫 4, 나누는 수 4, 나누어지는 수, 나머지 2

18÷4의 몫과 나머지를
18÷4=4…2로 쓸 수도 있어.

내 실수다.
나머지를 미처
생각 못했군.

그럼 내가
문제를 하나 내 보지.

46÷4를 한 번 구해 봐!

동전 모형만 있으면 할 수 있지!!
동전 모형과 세로셈을 연결해서 이해하면
나눗셈 계산을 할 때 좋아!

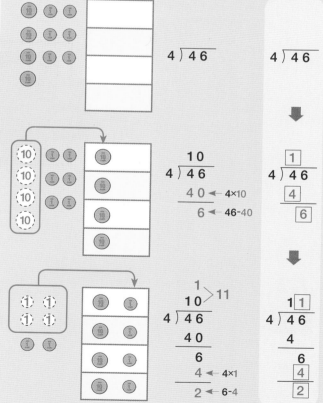

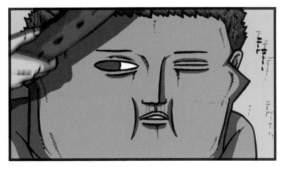

- END -

나눗셈에서 몫과 나머지는 중요한 개념이야. 나머지는 나누는 수보다 반드시 작아야 해. 예를 들어서 나누는 수가 3이면 나올 수 있는 나머지는 0, 1, 2뿐이야. 나머지가 3이 되지 못하는 이유는 나머지 3은 나누는 수 3으로 한 번 더 나눌 수 있기 때문이야.

그림을 통해 나머지가 있는 나눗셈 알아보기

나누는 수만큼 동그라미로 묶어서 몇 묶음이 나오는지,
나머지는 몇 개인지 알아 봐.
그림을 통해 나머지의 원리를 공부해 보자.

주어진 나눗셈식의 나누는 수만큼 그림을 동그라미로 묶어서 계산하고 몫과 나머지를 구하세요.

예시

24÷5

몫 : **4** 　나머지 : **4**

① **32÷6**

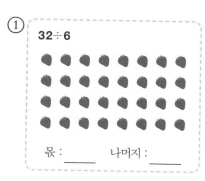

몫 : ____ 　나머지 : ____

② **18÷5**

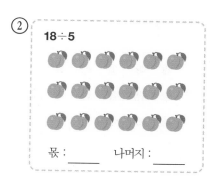

몫 : ____ 　나머지 : ____

③ **19÷2**

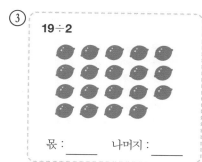

몫 : ____ 　나머지 : ____

④ **21÷4**

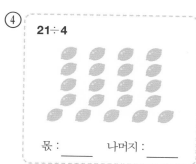

몫 : ____ 　나머지 : ____

⑤ **27÷5**

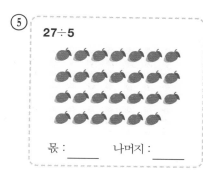

몫 : ____ 　나머지 : ____

⑥ **38÷7**

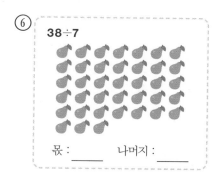

몫 : ____ 　나머지 : ____

⑦ **22÷6**

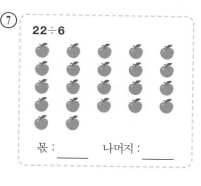

몫 : ____ 　나머지 : ____

⑧ **30÷8**

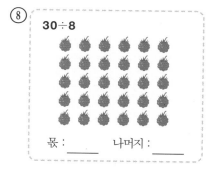

몫 : ____ 　나머지 : ____

⑨ **25÷4**

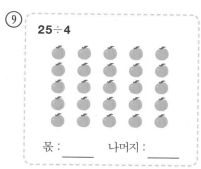

몫 : ____ 　나머지 : ____

⑩ **21÷5**

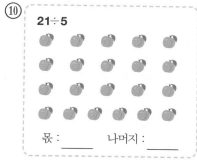

몫 : ____ 　나머지 : ____

⑪ **41÷9**

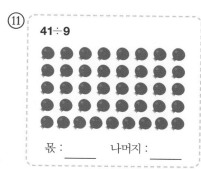

몫 : ____ 　나머지 : ____

그림을 통해 나머지가 있는 나눗셈 알아보기

주어진 나눗셈식의 나누는 수만큼 그림을 동그라미로 묶어서 계산하고 몫과 나머지를 구하세요.

① **15÷6**

몫 : _____ 나머지 : _____

② **40÷7**

몫 : _____ 나머지 : _____

③ **25÷8**

몫 : _____ 나머지 : _____

④ **61÷8**

몫 : _____ 나머지 : _____

⑤ **31÷4**

몫 : _____ 나머지 : _____

⑥ **33÷5**

몫 : _____ 나머지 : _____

⑦ **39÷7**

몫 : _____ 나머지 : _____

⑧ **42÷9**

몫 : _____ 나머지 : _____

⑨ **36÷8**

몫 : _____ 나머지 : _____

⑩ **22÷4**

몫 : _____ 나머지 : _____

⑪ **27÷6**

몫 : _____ 나머지 : _____

⑫ **44÷7**

몫 : _____ 나머지 : _____

나머지가 있는 나눗셈 계산 방법 알아보기

나머지가 0일 때는 나누어 떨어진다고 해! 나머지는 나누는 수보다 항상 작아야 해. 예를 들어서 나누는 수가 3이면 나머지는 0, 1, 2 중에서만 나올 수 있어.

💬 빈칸에 알맞은 수를 써넣으세요.

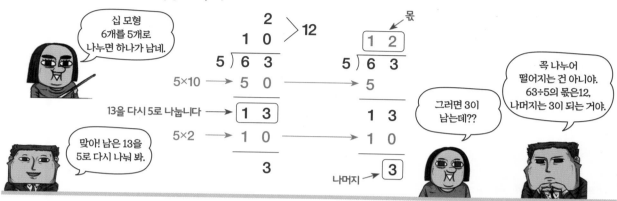

①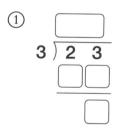

$3) \overline{2 \ 3}$

②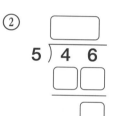

$5) \overline{4 \ 6}$

③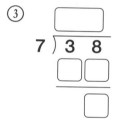

$7) \overline{3 \ 8}$

④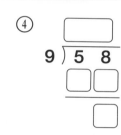

$9) \overline{5 \ 8}$

⑤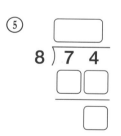

$8) \overline{7 \ 4}$

⑥

$4) \overline{3 \ 9}$

⑦

$5) \overline{6 \ 8}$

⑧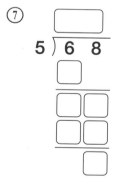

$4) \overline{5 \ 9}$

⑨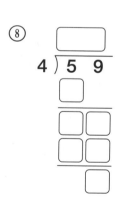

$6) \overline{5 \ 2}$

⑩

$3) \overline{2 \ 9}$

⑪

$6) \overline{4 \ 5}$

⑫

$4) \overline{3 \ 8}$

나머지가 있는
나눗셈 계산 방법 알아보기

빈칸에 알맞은 수를 써넣으세요.

① 8) 4 5

② 7) 6 2

③ 4) 2 9

④ 5) 8 2

⑤ 3) 4 3

⑥ 6) 7 1

⑦ 5) 5 1

⑧ 3) 9 5

⑨ 4) 6 6

⑩ 3) 8 5

⑪ 3) 3 8

⑫ 4) 5 4

⑬ 5) 2 7

⑭ 7) 6 9

⑮ 6) 5 5

⑯ 4) 2 7

3 DAY

A

나머지가 있는
나눗셈 계산하기(1)

몫을 계산하기 전에 어림하는 연습을 하면 좋아. 50÷3
을 계산할 때 50의 십의 자리 5가 나누는 수 3보다
크고 5에는 3이 1번 들어 가니까 몫은 10보다 크겠지?

💬 나눗셈식을 계산하고 몫과 나머지를 쓰세요.

① $7 \overline{)80}$

몫 : _____ 나머지 : _____

② $5 \overline{)99}$

몫 : _____ 나머지 : _____

③ $4 \overline{)94}$

몫 : _____ 나머지 : _____

④ $6 \overline{)85}$

몫 : _____ 나머지 : _____

⑤ $3 \overline{)79}$

몫 : _____ 나머지 : _____

⑥ $3 \overline{)46}$

몫 : _____ 나머지 : _____

⑦ $2 \overline{)37}$

몫 : _____ 나머지 : _____

⑧ $5 \overline{)73}$

몫 : _____ 나머지 : _____

⑨ $3 \overline{)38}$

몫 : _____ 나머지 : _____

3 DAY B 나머지가 있는 나눗셈 계산하기(1)

나눗셈식을 계산하고 몫과 나머지를 쓰세요.

① 3) 6 4

몫 : _____ 나머지 : _____

② 2) 3 5

몫 : _____ 나머지 : _____

③ 3) 5 9

몫 : _____ 나머지 : _____

④ 4) 6 7

몫 : _____ 나머지 : _____

⑤ 5) 8 9

몫 : _____ 나머지 : _____

⑥ 6) 7 4

몫 : _____ 나머지 : _____

⑦ 2) 5 7

몫 : _____ 나머지 : _____

⑧ 3) 4 3

몫 : _____ 나머지 : _____

⑨ 4) 6 2

몫 : _____ 나머지 : _____

108

**나머지가 있는
나눗셈 원리 이용하기**

나누는 수가 5일 때 나올 수 있는 나머지는
0, 1, 2, 3, 4야. 모두 5보다 작지? 나머지는 반드시
나누는 수보다 작아야 한다는 걸 잊지 마.

문제를 읽고 알맞은 수를 찾으세요.

21부터 23까지
몫은 7로 같은데
나머지가 다르네?

÷3	21	22	23	24	25	26
몫	7	7	7	8	8	9
나머지	0	1	2	0	1	2

나누는 수가 3일 때
나올 수 있는 나머지는
0부터 2까지야.
그래서 26일 때 나머지가
2가 되는 거지!

표를 보면
나머지
0, 1, 2가 반복돼!

그렇지!
또 23의 몫과 나머지만 알면 24의 몫과 나머지도 알 수 있어.
23의 몫이 7이고 나머지가 2지?
그래서 24는 몫이 8이고 나머지가 0이야.

그럼 나누는 수가
4일 때는 나머지가
0부터 3까지가 되겠네?

① 주어진 수 중에서 **7**로 나누었을 때
나머지가 **3**인 수를 찾아보세요.

83   85   87

② 주어진 수 중에서 **5**로 나누었을 때
나머지가 **2**인 수를 찾아보세요.

60   62   64

③ 주어진 수 중에서 **6**으로 나누었을 때
나머지가 **2**인 수를 찾아보세요.

38   40   42

④ 주어진 수 중에서 **9**로 나누었을 때
나머지가 **6**인 수를 찾아보세요.

85   86   87

⑤ 주어진 수 중에서 **3**으로 나누었을 때
나머지가 **1**인 수를 찾아보세요.

29   31   33

⑥ 주어진 수 중에서 **7**로 나누었을 때
나머지가 **6**인 수를 찾아보세요.

61   62   63

⑦ 주어진 수 중에서 **4**로 나누었을 때
나머지가 **2**인 수를 찾아보세요.

82   83   84

⑧ 주어진 수 중에서 **2**로 나누었을 때
나머지가 **1**인 수를 찾아보세요.

71   72   74

나머지가 있는
나눗셈 원리 이용하기

🔵 문제를 읽고 알맞은 수를 찾으세요.

① 주어진 수 중에서 **5**로 나누었을 때
나머지가 **2**인 수를 찾아보세요.

| 43 | 45 | 47 |

② 주어진 수 중에서 **4**로 나누었을 때
나머지가 **1**인 수를 찾아보세요.

| 23 | 24 | 25 |

③ 주어진 수 중에서 **7**로 나누었을 때
나머지가 **4**인 수를 찾아보세요.

| 42 | 44 | 46 |

④ 주어진 수 중에서 **3**으로 나누었을 때
나머지가 **2**인 수를 찾아보세요.

| 51 | 53 | 55 |

⑤ 주어진 수 중에서 **6**으로 나누었을 때
나머지가 **5**인 수를 찾아보세요.

| 31 | 35 | 39 |

⑥ 주어진 수 중에서 **9**로 나누었을 때
나머지가 **7**인 수를 찾아보세요.

| 71 | 75 | 79 |

⑦ 주어진 수 중에서 **8**로 나누었을 때
나머지가 **5**인 수를 찾아보세요.

| 52 | 53 | 54 |

⑧ 주어진 수 중에서 **4**로 나누었을 때
나머지가 **3**인 수를 찾아보세요.

| 72 | 75 | 78 |

⑨ 주어진 수 중에서 **7**로 나누었을 때
나머지가 **2**인 수를 찾아보세요.

| 65 | 67 | 69 |

⑩ 주어진 수 중에서 **6**으로 나누었을 때
나머지가 **3**인 수를 찾아보세요.

| 84 | 86 | 87 |

곱셈과 나눗셈 계산하기

계산하기 어려울 때는 주어진 식을 세로셈으로 바꿔서 계산해 봐. 처음에는 어렵지만 문제를 여러 번 풀면 잘할 수 있어! 자신감을 갖고 문제를 해결하자.

💬 빈칸에 알맞은 수를 써넣으세요.

①

②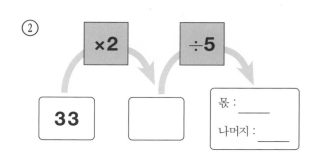

③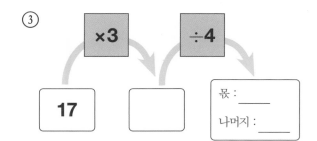

④

⑤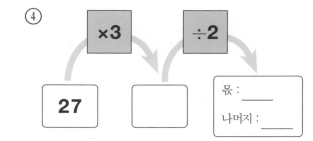

⑥

⑦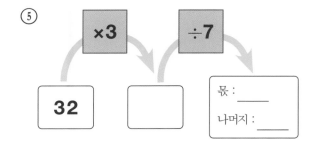

⑧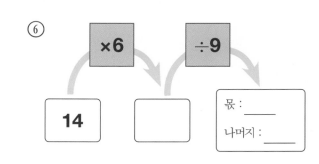

곱셈과 나눗셈 계산하기

빈칸에 알맞은 수를 써넣으세요.

① ×4 ÷3

21 ☐   몫 : _____
      나머지 : _____

② ×2 ÷7

45 ☐   몫 : _____
      나머지 : _____

③ ×19 ÷2

3 ☐   몫 : _____
      나머지 : _____

④ ×28 ÷5

3 ☐   몫 : _____
      나머지 : _____

⑤ ×3 ÷7

23 ☐   몫 : _____
      나머지 : _____

⑥ ×5 ÷6

17 ☐   몫 : _____
      나머지 : _____

⑦ ×22 ÷3

4 ☐   몫 : _____
      나머지 : _____

⑧ ×8 ÷7

12 ☐   몫 : _____
      나머지 : _____

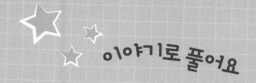

이야기로 풀어요

최강 나눗셈대회에 참석하기 위해 석이가 예선 문제를 풀고 있습니다.
석이가 예선 문제를 풀 수 있도록 도와주세요.

예선 문제

1, **2** 의 조건을 가지고 **❶**~**❸**의 문제를 풀어보세요.

> **1** 49보다 크고 81보다 작습니다.
> **2** 5로 나누어 떨어집니다.

5로 나누어 떨어진다는 건 나머지가 0이라는 거야.

잘 생각해 봐.
5, 10, 15, 20…의 수들은 모두 5로 나누어 떨어져.
어떤 규칙이 있을까?

아하!
나누어 떨어지는 수를 찾고 5씩 더하면 모두 5로 나누어 떨어져!

5로 나누어 떨어지는 수는 모두 일의 자리가 0이나 5야.
5, 10, 15, 20만 봐도 알 수 있지?

❶ 49보다 크고 81보다 작은 수 중 5로 나누어 떨어지는 가장 작은 수는?

❷ 49보다 크고 81보다 작은 수 중 5로 나누어 떨어지는 가장 큰 수는?

❸ **1**, **2** 의 조건을 만족하는 수를 모두 써넣으세요.

07. 사일런트 주사위 게임

나눗셈은 어느 정도 마스터했다.
이제 나의 솜씨를 발휘할 때!

앗! 사일런트 주사위 게임이 진행 중이다.

!!!

사일런트 주사위 게임

사일런트 주사위 게임의 룰은 간단하다.
(세 자리 수)÷(한 자리 수)를 잘 계산하면 되는 게임이지.

1. 선생님 몰래 주사위 3개를 던진다.
2. 주사위 3개를 던져 나온 수로
   백의 자리(주황), 십의 자리(파랑), 일의 자리(초록)인
   세 자리 수를 만든다.
3. 상대방이 무작위로 나누는 수를 제시한다.
4. 정답을 맞추면 포인트를 획득한다!

뭐하는 거야?
이 게임에 참여하려면
참가비가 있어야 해!

쳇! 그렇군.

그렇다면 나의 참가비는 이것으로!

NICE

커스터마이즈드 나이스 삭스 볼! 그리고 볼펜이다!

제1게임

조석이 던진 주사위의 눈

2   **4**   **6**

246÷2군.
세로셈으로 바꿔서
계산해야겠어.

$$
\begin{array}{r}
2\,\overline{)\,246}
\end{array}
\Rightarrow
\begin{array}{r}
1 \\
2\,\overline{)\,246} \\
2 \\
\hline
4
\end{array}
\Rightarrow
\begin{array}{r}
12 \\
2\,\overline{)\,246} \\
2 \\
\hline
4 \\
4 \\
\hline
6
\end{array}
\Rightarrow
\begin{array}{r}
123 \\
2\,\overline{)\,246} \\
2 \\
\hline
4 \\
4 \\
\hline
6 \\
6 \\
\hline
0
\end{array}
$$

몫은 123
나머지는 0
이것이 정답!

상대방이 던진 주사위의 눈

3 6 4

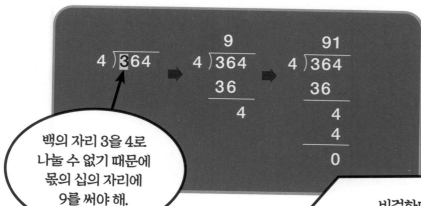

백의 자리 3을 4로
나눌 수 없기 때문에
몫의 십의 자리에
9를 써야 해.

비겁하다고?
승부의 세계는 냉정한 법!

몫은 91
나머지는 0이다.

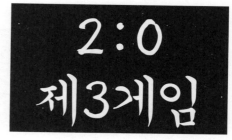

2:0
제3게임

저 녀석 대단하군.
조심해야겠어.

그런데 왜
자기 차렌데
주사위를 안 던지지?

기다려라…

아직이다!

지금!

조석이 던진 주사위의 눈

6 1 5

앗! 은둔술?
은둔술을 쓰다니!!!

어쩔 수 없군.
6!! 6으로 한번 나눠 봐라!!!
이것마저 해낸다면
너의 실력을 인정하겠다!

일단 어림을 하면…
6에 얼마를 곱하면 615에 가까울까?
615와 가까운 값은 600정도니까
몫은 약 100정도 나오겠군.
세로셈으로 정확히 계산해 보자.

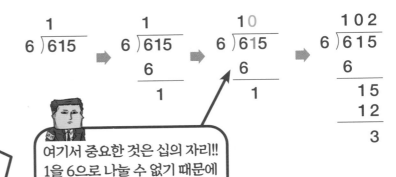

여기서 중요한 것은 십의 자리!!
1을 6으로 나눌 수 없기 때문에
십의 자리에 0을 써야 해.

$$\begin{array}{r} 1 \\ 6\overline{)615} \end{array} \Rightarrow \begin{array}{r} 1 \\ 6\overline{)615} \\ 6 \\ \hline 1 \end{array} \Rightarrow \begin{array}{r} 10 \\ 6\overline{)615} \\ 6 \\ \hline 1 \end{array} \Rightarrow \begin{array}{r} 102 \\ 6\overline{)615} \\ 6 \\ \hline 15 \\ 12 \\ \hline 3 \end{array}$$

정답은

몫은 102!!!
나머지는 3이다!!!!!

진 건가…!

아니, 이놈들!
수업시간에
뭐하고 있어!!!
다 나와!!!!

걸. 렸. 다.

**마음의
끌팁**

(세 자리 수)÷(한 자리 수)를 할 때는 세 자리 수의 백의 자리부터 나누어야 해.
백의 자리, 십의 자리, 일의 자리 순으로 계산한 후 몫과 나머지를 확인해.
계산이 끝나면 다시 한 번 내가 푼 방법이 맞는지 확인하는 거 잊지 마.

1 DAY A (세 자리 수) ÷ (한 자리 수) 계산 방법 알아보기

(세 자리 수)÷(한 자리 수)를 할 때 몫이 얼마쯤 될지 어림해 보는 연습도 필요해. 예를 들어서 650÷5의 몫이 '100보다는 클 거 같다'라고 생각해 볼 수 있어.

💬 빈칸에 알맞은 수를 써넣으세요.

그다음은 15를 5로 나누면 3이니까 십의 자리에는 3을 써 주면 되는 거네?

650÷5는 어떻게 계산하는거야?

백의 자리부터 계산해 봐. 6을 5로 나누어 백의 자리에 1을 적고 1이 남으니까 밑에 적어 줘.

맞아! 마지막으로 일의 자리 0은 나눌 수 없으니까 0이라고 적어 주면 돼!

①

```
     ☐              ☐              ☐
 4)7 4 0 → 4)7 4 0 → 4)7 4 0 → 4)7 4 0
             4              4              4
             3            3 4            3 4
                          ☐            3 2
                           2            2 0
                                        ☐
                                         0
```
몫 : ☐

②

```
     ☐              ☐              ☐
 3)5 2 2 → 3)5 2 2 → 3)5 2 2 → 3)5 2 2
             3              3              3
             2            2 2            2 2
                          ☐            2 1
                           1            1 2
                                        ☐
                                         0
```
몫 : ☐

③

```
     ☐              ☐              ☐
 5)5 8 5 → 5)5 8 5 → 5)5 8 5 → 5)5 8 5
             5              5              5
             0            8            8
                          ☐            5
                           3            3 5
                                        ☐
                                         0
```
몫 : ☐

07. 사일런트 주사위 게임

121

(세 자리 수) ÷ (한 자리 수)
계산 방법 알아보기

빈칸에 알맞은 수를 써넣으세요.

①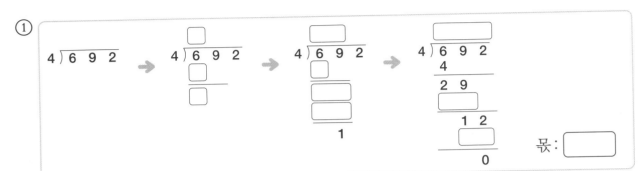

②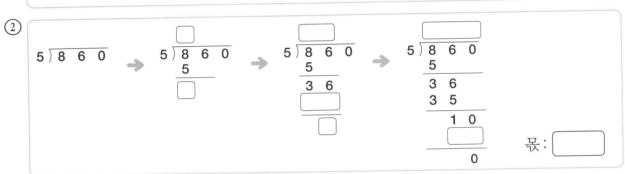

③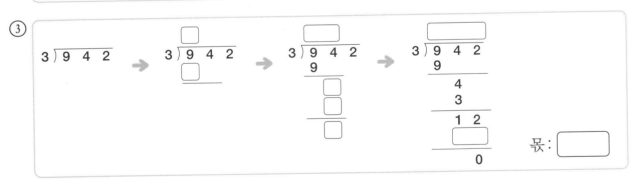

④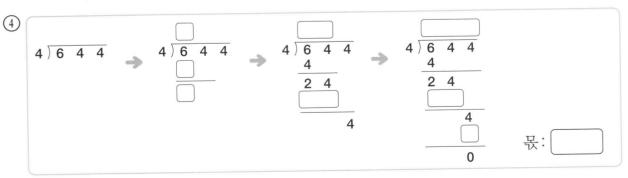

2 DAY / A

나머지가 없는 (세 자리 수)
÷ (한 자리 수) 계산하기

몫의 위치가 백의 자리부터인지 십의 자리부터인지
파악해야 해. 만약 세 자리 수의 백의 자릿값이 나누는
수보다 크거나 같으면 백의 자리에 몫이 오게 돼.

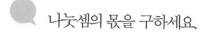 나눗셈의 몫을 구하세요.

①
$$5\,)\overline{\,925\,}$$

몫 : _____

②
$$4\,)\overline{\,572\,}$$

몫 : _____

③
$$7\,)\overline{\,931\,}$$

몫 : _____

④
$$4\,)\overline{\,580\,}$$

몫 : _____

⑤
$$6\,)\overline{\,942\,}$$

몫 : _____

⑥
$$5\,)\overline{\,705\,}$$

몫 : _____

⑦
$$4\,)\overline{\,724\,}$$

몫 : _____

⑧
$$4\,)\overline{\,560\,}$$

몫 : _____

⑨
$$8\,)\overline{\,920\,}$$

몫 : _____

💬 나눗셈의 몫을 구하세요.

①
$$4 \overline{)624}$$

몫 : _____

②
$$6 \overline{)852}$$

몫 : _____

③
$$2 \overline{)438}$$

몫 : _____

④
$$5 \overline{)665}$$

몫 : _____

⑤
$$7 \overline{)868}$$

몫 : _____

⑥
$$3 \overline{)639}$$

몫 : _____

⑦
$$2 \overline{)528}$$

몫 : _____

⑧
$$3 \overline{)516}$$

몫 : _____

⑨
$$3 \overline{)456}$$

몫 : _____

나머지가 없는 (세 자리 수) ÷ (한 자리 수) 계산하기

몫을 계산하기 전에 몫의 위치가 백의 자리부터인지 십의 자리부터인지 파악해야 해. 만약에 세 자리 수의 백의 자릿값이 나누는 수보다 작으면 백의 자리에 몫이 올 수 없어.

💬 나눗셈의 몫을 구하세요.

① $5 \overline{)225}$

몫 : _____

② $4 \overline{)340}$

몫 : _____

③ $6 \overline{)456}$

몫 : _____

④ $2 \overline{)182}$

몫 : _____

⑤ $7 \overline{)637}$

몫 : _____

⑥ $5 \overline{)300}$

몫 : _____

⑦ $4 \overline{)272}$

몫 : _____

⑧ $9 \overline{)684}$

몫 : _____

⑨ $8 \overline{)712}$

몫 : _____

● 나눗셈의 몫을 구하세요.

① $5 \overline{)495}$

몫 : _____

② $7 \overline{)196}$

몫 : _____

③ $8 \overline{)552}$

몫 : _____

④ $9 \overline{)846}$

몫 : _____

⑤ $7 \overline{)378}$

몫 : _____

⑥ $6 \overline{)516}$

몫 : _____

⑦ $9 \overline{)477}$

몫 : _____

⑧ $8 \overline{)744}$

몫 : _____

⑨ $7 \overline{)511}$

몫 : _____

4 DAY

A

**나머지가 있는 (세 자리 수)
÷ (한 자리 수) 계산하기**

나눗셈을 계산하기 전에 몫을 어림해 보는 연습을
해야 해. 대략 몫이 얼마쯤 될지 생각하고 계산한 후
계산 결과와 비교하는 습관을 갖자.

 나눗셈의 몫과 나머지를 구하세요.

① $4\overline{)998}$

몫 : _____ 나머지 : _____

② $5\overline{)628}$

몫 : _____ 나머지 : _____

③ $2\overline{)913}$

몫 : _____ 나머지 : _____

④ $3\overline{)312}$

몫 : _____ 나머지 : _____

⑤ $3\overline{)856}$

몫 : _____ 나머지 : _____

⑥ $5\overline{)244}$

몫 : _____ 나머지 : _____

⑦ $9\overline{)682}$

몫 : _____ 나머지 : _____

⑧ $2\overline{)511}$

몫 : _____ 나머지 : _____

⑨ $4\overline{)317}$

몫 : _____ 나머지 : _____

나머지가 있는 (세 자리 수)
÷ (한 자리 수) 계산하기

🔵 나눗셈의 몫과 나머지를 구하세요.

① 3) 493

몫 : _____   나머지 : _____

② 8) 738

몫 : _____   나머지 : _____

③ 4) 353

몫 : _____   나머지 : _____

④ 5) 564

몫 : _____   나머지 : _____

⑤ 4) 675

몫 : _____   나머지 : _____

⑥ 9) 832

몫 : _____   나머지 : _____

⑦ 3) 953

몫 : _____   나머지 : _____

⑧ 4) 454

몫 : _____   나머지 : _____

⑨ 6) 269

몫 : _____   나머지 : _____

몫이 가장 크게 되는 나눗셈식 찾기

나눗셈식의 몫이 가장 크려면 큰 수를 작은 수로 나누어야 해! 만약 빵 10개를 2명이서 나누어 먹을 때와 5명이서 나누어 먹을 때 언제 많이 먹을 수 있을까?

다음 수 카드 중에서 **4**장을 골라 만들 수 있는 나눗셈식의 몫이 가장 크게 되는 나눗셈식을 쓰고, 몫을 구하세요.

| 6 | 0 | 2 | 3 | 5 |

나눗셈식 6 5 3 ÷ 2

몫 (326)
나머지 (1)

나누어지는 수가 클수록 몫은 커져! 빵이 많을수록 많이 먹을 수 있지 않겠어?

나누는 수가 작을수록 몫은 커져! 빵 10개를 5명이 먹을 때보다 2명이 먹을 때 한 사람이 더 많이 먹을 수 있잖아!

아하! 수 카드 중 0을 제외한 제일 작은 수를 나누는 수에 쓰고 남은 수 카드로 가장 큰 세 자리 수를 만들면 되겠네.

예시

수 카드	6, 0, 2, 3, 5
나눗셈식	653÷2
몫	326
나머지	1

①

수 카드	3, 6, 7, 8, 4
나눗셈식	
몫	
나머지	

②

수 카드	6, 8, 4, 5, 7
나눗셈식	
몫	
나머지	

③

수 카드	9, 4, 6, 3, 7
나눗셈식	
몫	
나머지	

④

수 카드	8, 3, 4, 6, 5
나눗셈식	
몫	
나머지	

⑤

수 카드	6, 5, 4, 3, 2
나눗셈식	
몫	
나머지	

몫이 가장 크게 되는
나눗셈식 찾기

다음 수 카드 중에서 **4**장을 골라 만들 수 있는 나눗셈식 몫이 가장 크게 되는 나눗셈식을 쓰고,
몫을 구하세요.

①
수 카드	4, 9, 6, 3, 7
나눗셈식	
몫	
나머지	

②
수 카드	3, 5, 7, 2, 4
나눗셈식	
몫	
나머지	

③
수 카드	6, 5, 4, 8, 0
나눗셈식	
몫	
나머지	

④
수 카드	6, 3, 9, 4, 2
나눗셈식	
몫	
나머지	

⑤
수 카드	6, 3, 9, 0, 8
나눗셈식	
몫	
나머지	

⑥
수 카드	4, 7, 8, 5, 6
나눗셈식	
몫	
나머지	

⑦
수 카드	0, 7, 9, 2, 4
나눗셈식	
몫	
나머지	

⑧
수 카드	3, 5, 9, 8, 7
나눗셈식	
몫	
나머지	

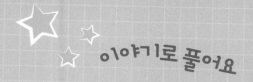

석이와 애봉이가 차를 타고 놀러 가고 있습니다.
이때 앞 차의 번호판을 보고 엄마가 문제를 냈습니다.

우리 앞에
두 대의 차가 있지?
차 번호판을 보고 나눗셈
문제를 만들어서 풀어 보렴.

차 번호판
8524

조건 1 차 번호판에 적힌 네 수 중
가장 작은 수는 나누는 수로 사용한다.

조건 2 나머지 세 수를 이용해서
가장 큰 세 자리 자연수를 만든다.
이 수는 나누어지는 수로 사용한다.

854÷2

8524 중
가장 작은 수는 2

2를 제외한 수를
이용해서 가장
큰 수를 만들면 854

 조석 **6754**

 애봉 **3495**

나눗셈식 :

몫:

나머지:

나눗셈식 :

몫:

나머지:

08. 의문의 편지 한 장

친구들과의 게임에서 승리한 조석은 나눗셈에 자신이 생겼다.

내가 최고임

지 나 치 게!

그러던 어느 날, 조석에게 편지가 한 장 도착했다.

뭐지……?

나눗셈 천재 조석 보아라.
나와 나눗셈 시합을 하자!
누가 이 세상에서
최고의 계산왕인지 겨뤄 보자!
나와 겨루고 싶다면 이곳으로 와라.

나눗셈로 97

누구지? 감히 나에게 도전장을 던진 건?
도전을 받아 주지!

132

편지를 쓴 사람이 말한 장소에 도착했다.

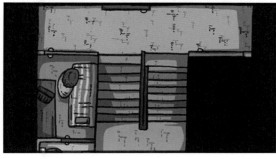

그곳은 매우 낡았고,
수식과 도형이 가득한 미로 같은 방이었다.

조석은 주변을 둘러보다가 수상한 TV를 발견했다.

어? 이게 뭐지?
뭔가 붙어 있다!

안녕하신가, 조석.
나와 대결을 할 준비가 되어 있는가?

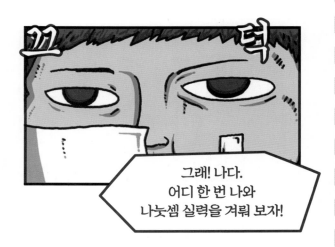

그래! 나다.
어디 한 번 나와
나눗셈 실력을 겨뤄 보자!

좋다. 하지만 이제까지 했던 나눗셈
공부와는 차원이 다를 것이다. 48÷4는…

훗, 정답은 12!
너무 쉬운 것 아닌가?

아니? 그게 문제라면 이렇게 널 부르지도 않았다!
12가 맞는지 어떻게 알 수 있지?
그 확인 방법을 설명하는 것이 문제다!

헉! 지금까지는
몫만 구하면 됐는데
그걸 확인하라니!
그런 방법은
배우지 않았어!
큰일이다!

하하하하하

할 수 있다.
기다려라!

집중

못하겠나?

집중하면
할 수 있다!

축구공을 한 번
떠올려 보자!

12묶음

$$48 ÷ 4 = 12$$

확인하기 $4 × 12 = 48$

잘 봐라! 축구공 48개를 4개씩 묶으면 12묶음이 나온다.
그리고 그 묶음 그림을 곱셈식으로 나타내어 확인해 보면
$4 × 12 = 48$이 돼! 4개씩 12묶음이니까 48! 맞지?

이번엔 나머지까지????

앗! 이 녀석! 맞혔군….
하지만 이번엔 쉽지 않을 거다!
26÷6의 몫은 4이고, 나머지는 2!
이게 맞는지 확인해 봐라!

침착하게 이번에도 축구공으로 생각해 보자!

⚽ 4묶음, 나머지 2개

26개의 축구공을 6개씩 묶으면
4묶음이 나오고 2개가 남아.
이걸 곱셈으로 생각해 보면
첫 번째, 6개씩 4묶음은 6×4=24
두 번째, 나머지가 2개 있으니까
24+2=26!

나누는 수 몫

$\underline{6} \times \underline{4} = 24$

$24 + \underline{2} = 26$

나머지

정리해 보면

$26 \div 6 = 4 \cdots 2$

확인하기 $6 \times 4 = 24, \quad 24 + 2 = 26$

이렇게 하는 거 맞지?
뭐 별로 어렵지 않네….

몫에 나눈 수를 곱하고
나머지를 더해서
원래 숫자와 같은지
알아보면 돼!

…내가 졌다. 가져가라! 〈나는야 계산왕〉 배지다.
이제 온 세상 사람들이 네가
계산왕이라는 것을 알 수 있다.

득 템

나는야
계산왕

나눗셈 부문

나는야
계산왕

우히히!! 이제 나는 계산왕?

마음의
꿀팁

덧셈과 뺄셈이 서로 반대 관계에 있듯, 곱셈과 나눗셈도 서로 반대 관계에 있는 거 알지?
나눗셈을 계산한 후 계산 결과가 맞는지 꼭 확인해야 해.
반드시 개념을 이해하고 문제를 풀 때 적용해 봐.

나머지가 없는 나눗셈을 계산하고 확인하기

나눗셈을 계산한 후 계산이 맞는지 확인하는 것은 매우 중요해. 계산이 맞는지 확인하는 방법을 익히고 문제에 적용해 보자.

 나눗셈의 몫을 구하고 맞게 계산했는지 확인해 보세요.

①
$7 \overline{)7\ 7}$

몫 ☐

확인 $7 × ☐ = ☐$

②
$5 \overline{)6\ 0}$

몫 ☐

확인 $5 × ☐ = ☐$

③
$4 \overline{)5\ 6}$

몫 ☐

확인 $4 × ☐ = ☐$

④
$2 \overline{)4\ 8}$

몫 ☐

확인 $2 × ☐ = ☐$

⑤
$3 \overline{)7\ 2}$

몫 ☐

확인 $3 × ☐ = ☐$

⑥
$8 \overline{)9\ 6}$

몫 ☐

확인 $8 × ☐ = ☐$

⑦
$7 \overline{)8\ 4}$

몫 ☐

확인 $7 × ☐ = ☐$

⑧
$4 \overline{)6\ 8}$

몫 ☐

확인 $4 × ☐ = ☐$

⑨
$2 \overline{)5\ 2}$

몫 ☐

확인 $2 × ☐ = ☐$

나머지가 없는 나눗셈을
계산하고 확인하기

나눗셈의 몫을 구하고 맞게 계산했는지 확인해 보세요.

① 3) 8 1

몫 [　　]

확인 3× [　] = [　]

② 4) 6 4

몫 [　　]

확인 4× [　] = [　]

③ 3) 5 7

몫 [　　]

확인 3× [　] = [　]

④ 2) 4 2

몫 [　　]

확인 2× [　] = [　]

⑤ 6) 8 4

몫 [　　]

확인 6× [　] = [　]

⑥ 7) 9 8

몫 [　　]

확인 7× [　] = [　]

⑦ 3) 4 5

몫 [　　]

확인 3× [　] = [　]

⑧ 5) 9 5

몫 [　　]

확인 5× [　] = [　]

⑨ 3) 7 5

몫 [　　]

확인 3× [　] = [　]

나눗셈을 계산하고 확인하기

계산이 맞는지 확인하는 건 정말 중요해! 나눗셈 계산이 맞는지 확인하는 방법을 이해하고 적용하는 연습을 반드시 해야 해.

💬 나눗셈을 계산하고 맞게 계산했는지 확인해 보세요.

19÷5를 계산하면 몫은 3, 나머지는 4가 나와!

이걸 식으로 나타내면 5×3=15, 15+4=19가 돼.

$$19 \div 5 = 3 \cdots 4$$

$$5 \times 3 = 15 \quad \Rightarrow \quad 15 + 4 = 19$$

구슬 19개를 5개씩 묶으면 3묶음이 나오고 구슬 4개가 남는다는 뜻이네!

남는 구슬 4개는 15와 더하면 되는구나!

①
$$7 \overline{)\ 6\ \ 2}$$

확인 $7 \times \square = \square$

$\square + \square = \square$

②
$$5 \overline{)\ 6\ \ 1}$$

확인 $5 \times \square = \square$

$\square + \square = \square$

③
$$4 \overline{)\ 7\ \ 9}$$

확인 $4 \times \square = \square$

$\square + \square = \square$

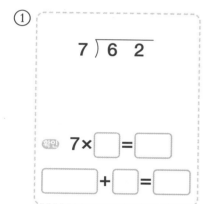
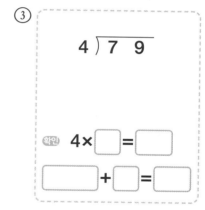

④
$$6 \overline{)\ 9\ \ 7}$$

확인 $6 \times \square = \square$

$\square + \square = \square$

⑤
$$2 \overline{)\ 9\ \ 9}$$

확인 $2 \times \square = \square$

$\square + \square = \square$

⑥
$$3 \overline{)\ 5\ \ 0}$$

확인 $3 \times \square = \square$

$\square + \square = \square$

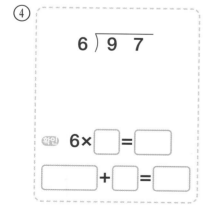
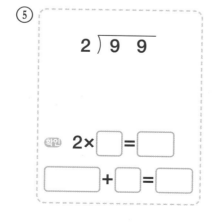
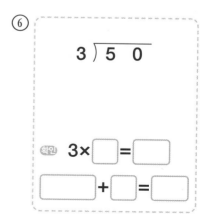

🔵 나눗셈을 계산하고 맞게 계산했는지 확인해 보세요.

① $5\,)\overline{6\ 7}$

확인 $5 \times \boxed{} = \boxed{}$

$\boxed{} + \boxed{} = \boxed{}$

② $3\,)\overline{5\ 3}$

확인 $3 \times \boxed{} = \boxed{}$

$\boxed{} + \boxed{} = \boxed{}$

③ $6\,)\overline{8\ 7}$

확인 $6 \times \boxed{} = \boxed{}$

$\boxed{} + \boxed{} = \boxed{}$

④ $2\,)\overline{3\ 9}$

확인 $2 \times \boxed{} = \boxed{}$

$\boxed{} + \boxed{} = \boxed{}$

⑤ $7\,)\overline{9\ 3}$

확인 $7 \times \boxed{} = \boxed{}$

$\boxed{} + \boxed{} = \boxed{}$

⑥ $6\,)\overline{8\ 5}$

확인 $6 \times \boxed{} = \boxed{}$

$\boxed{} + \boxed{} = \boxed{}$

⑦ $4\,)\overline{6\ 9}$

확인 $4 \times \boxed{} = \boxed{}$

$\boxed{} + \boxed{} = \boxed{}$

⑧ $2\,)\overline{5\ 7}$

확인 $2 \times \boxed{} = \boxed{}$

$\boxed{} + \boxed{} = \boxed{}$

⑨ $8\,)\overline{9\ 8}$

확인 $8 \times \boxed{} = \boxed{}$

$\boxed{} + \boxed{} = \boxed{}$

나눗셈식을 찾고 몫과 나머지 구하기

식이 이해가 안 될 때는 그림을 그려서 이해해 봐! 백 번 듣는 것보다 한 번 보는 게 낫다는 말도 있잖아.

💬 (몇십몇)÷(몇)을 계산하고 계산 결과가 맞는지 확인한 식이 보기 와 같습니다. 계산한 나눗셈을 쓰고 몫과 나머지를 구해 보세요.

3×6=18의 뜻은 구슬이 3개씩 6묶음이 있다는 뜻이고

$$3 \times 6 = 18 \quad \Rightarrow \quad 18 + 2 = 20$$

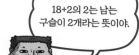
18+2의 2는 남는 구슬이 2개라는 뜻이야.

전체 구슬이 20개고 이걸 3으로 나누면 몫이 6이고 나머지가 2라는 걸 알 수 있네!

$$20 \div 3 = 6 \cdots 2$$

①
보기
$$3 \times 19 = 57, \quad 57 + 1 = 58$$

식 _____

몫 (   )   나머지 (   )

②
보기
$$4 \times 15 = 60, \quad 60 + 3 = 63$$

식 _____

몫 (   )   나머지 (   )

③
보기
$$6 \times 12 = 72, \quad 72 + 4 = 76$$

식 _____

몫 (   )   나머지 (   )

④
보기
$$2 \times 24 = 48, \quad 48 + 1 = 49$$

식 _____

몫 (   )   나머지 (   )

나눗셈식을 찾고
몫과 나머지 구하기

(몇십몇)÷(몇)을 계산하고 계산 결과가 맞는지 확인한 식이 보기 와 같습니다.
계산한 나눗셈을 쓰고 몫과 나머지를 구해 보세요.

① 보기

$3 \times 27 = 81, \quad 81 + 2 = 83$

식 _____

몫 (   ) 나머지 (   )

② 보기

$5 \times 12 = 60, \quad 60 + 4 = 64$

식 _____

몫 (   ) 나머지 (   )

③ 보기

$7 \times 13 = 91, \quad 91 + 6 = 97$

식 _____

몫 (   ) 나머지 (   )

④ 보기

$2 \times 36 = 72, \quad 72 + 1 = 73$

식 _____

몫 (   ) 나머지 (   )

⑤ 보기

$3 \times 15 = 45, \quad 45 + 2 = 47$

식 _____

몫 (   ) 나머지 (   )

⑥ 보기

$4 \times 16 = 64, \quad 64 + 3 = 67$

식 _____

몫 (   ) 나머지 (   )

나머지가 될 수 없는 수 찾기

나누는 수와 나머지 관계를 이해하고 문제를 풀 때 적용해 봐. 처음에는 어렵지만 다양한 문제를 풀면서 개념을 적용하면 어느새 개념이 이해될 거야.

💬 나머지가 될 수 없는 수를 모두 찾으세요.

나누는 수에 따라서 나올 수 있는 나머지는 달라. 같이 한번 알아볼까?

나누는 수	나머지
2	0, 1
3	0, 1, 2
4	0, 1, 2, 3
5	0, 1, 2, 3, 4
6	0, 1, 2, 3, 4, 5
7	0, 1, 2, 3, 4, 5, 6
8	0, 1, 2, 3, 4, 5, 6, 7
9	0, 1, 2, 3, 4, 5, 6, 7, 8

2로 나눌 때 나머지가 2가 될 수 없는 이유는 2를 2로 나누면 몫이 1이 되잖아. 표를 보면서 규칙을 찾아봐!

① 어떤 수를 **7**로 나누었을 때 나머지가 될 수 없는 수에 모두 ○표 하세요.

[3] [4] [5] [6] [7]

② 어떤 수를 **6**으로 나누었을 때 나머지가 될 수 없는 수에 모두 ○표 하세요.

[2] [9] [5] [6] [7]

③ 어떤 수를 **8**로 나누었을 때 나머지가 될 수 없는 수에 모두 ○표 하세요.

[3] [0] [8] [6] [9]

④ 어떤 수를 **4**로 나누었을 때 나머지가 될 수 없는 수에 모두 ○표 하세요.

[3] [4] [2] [1] [5]

🗨 나머지가 될 수 없는 수를 모두 찾으세요.

① 어떤 수를 **8**로 나누었을 때 나머지가 될 수 없는 수에 모두 ○표 하세요.

| 8 | 4 | 2 | 9 | 7 |

② 어떤 수를 **3**으로 나누었을 때 나머지가 될 수 없는 수에 모두 ○표 하세요.

| 0 | 1 | 5 | 2 | 4 |

③ 어떤 수를 **7**로 나누었을 때 나머지가 될 수 없는 수에 모두 ○표 하세요.

| 14 | 7 | 3 | 4 | 21 |

④ 어떤 수를 **9**로 나누었을 때 나머지가 될 수 없는 수에 모두 ○표 하세요.

| 2 | 8 | 9 | 0 | 11 |

⑤ 어떤 수를 **4**로 나누었을 때 나머지가 될 수 없는 수에 모두 ○표 하세요.

| 16 | 4 | 9 | 3 | 12 |

⑥ 어떤 수를 **2**로 나누었을 때 나머지가 될 수 없는 수에 모두 ○표 하세요.

| 0 | 1 | 2 | 4 | 3 |

5 DAY
A

□ 안에 들어가는
가장 큰 수 구하기

□÷3=4…▲일 때 □(나누어지는 수)가 가장 크려면
나머지가 가장 커야 해. 나누는 수가 3이기 때문에
나머지는 2일 때 가장 크겠지?

💬 □ 안에 들어갈 수 있는 수 중에서 가장 큰 수를 구하세요(단, 나머지 ▲는 **0**이 아닙니다).

예시

□ ÷6=11…▲

□ = (**71**)

① □ ÷4=16…▲

□ = (   )

② □ ÷5=13…▲

□ = (   )

③ □ ÷2=15…▲

□ = (   )

④ □ ÷7=15…▲

□ = (   )

⑤ □ ÷9=12…▲

□ = (   )

⑥ □ ÷6=18…▲

□ = (   )

⑦ □ ÷7=24…▲

□ = (   )

⑧ □ ÷5=35…▲

□ = (   )

⑨ □ ÷8=22…▲

□ = (   )

⑩ □ ÷6=15…▲

□ = (   )

⑪ □ ÷3=62…▲

□ = (   )

⑫ □ ÷2=88…▲

□ = (   )

⑬ □ ÷4=36…▲

□ = (   )

⑭ □ ÷7=37…▲

□ = (   )

□ 안에 들어가는
가장 큰 수 구하기

□ 안에 들어갈 수 있는 수 중에서 가장 큰 수를 구하세요(단, 나머지 ▲는 0이 아닙니다).

① □ ÷8=13…▲

□ = (   )

② □ ÷4=21…▲

□ = (   )

③ □ ÷3=32…▲

□ = (   )

④ □ ÷5=17…▲

□ = (   )

⑤ □ ÷6=26…▲

□ = (   )

⑥ □ ÷7=42…▲

□ = (   )

⑦ □ ÷4=29…▲

□ = (   )

⑧ □ ÷2=37…▲

□ = (   )

⑨ □ ÷8=17…▲

□ = (   )

⑩ □ ÷5=21…▲

□ = (   )

⑪ □ ÷3=24…▲

□ = (   )

⑫ □ ÷9=11…▲

□ = (   )

⑬ □ ÷3=17…▲

□ = (   )

⑭ □ ÷6=24…▲

□ = (   )

⑮ □ ÷7=28…▲

□ = (   )

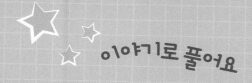

이야기로 풀어요

❶~❸의 질문에 답하고,
□ 안에 들어갈 수 있는 수 중에서 가장 큰 수를 구하세요.

$$\boxed{} \div 3 = 18 \cdots \triangle$$

나누는 수 3과
몫 18을 이용해서
□를 구해 봐.

3으로 나누었을 때
나올 수 있는
나머지는 0, 1, 2 가 있어.

아하, 몫이 같을 때
가장 큰 수를 구하려면
나머지가 커야 해.

❶ 나머지가 0일 때 □에 들어갈 수를 구하세요.

❷ 나머지가 1일 때 □에 들어갈 수를 구하세요.

❸ 나머지가 2일 때 □에 들어갈 수를 구하세요.

가장 큰 수 : _____

09. 새로운 식빵의 탄생

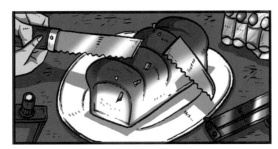

어떻게 먹으라는 거냐…

축하합니다.

어이쿠

새로운 물질을 만들어 내셨군요.

핵폭발

근데 석아, 빵 이름을 '분수'를 이용해서 지으면 더 잘 팔릴 것 같아.

아, 그래? 뭘로 할까?

도넛은 6개를 3개씩 포장해서 팔 거야. 그걸 분수로 나타낼 순 없을까?

아이디어가 생각났어! 6개를 똑같이 2묶음으로 나누면 한 묶음에 빵이 3개씩 들어가!

한 묶음(부분) 은 전체를 똑같이 2로 나눈 것 중에 1묶음이니까 전체의 $\frac{1}{2}$ 이야.

오, 좋당!! 석아, 너 진짜 똑똑하다!

앗! 그런데 꽈배기는 어쩌지? 이건 2개씩 포장할 건데?

전체 6개를 똑같이 3묶음으로 묶었으니까 1묶음에 2개씩이군.

한 묶음(부분) 은 전체를 똑같이 3으로 나눈 것 중에 1묶음이니까, 전체의 $\frac{1}{3}$ 이야.

사탕 8개를 똑같이 2묶음으로 나누어 봐.

1묶음은 전체의 $\frac{1}{2}$만큼이지? 1묶음에 사탕이 몇 개가 들어 있어?

답은 4야!
4개씩 포장하면
되겠어!

애봉아, 너는
빵 만드는 것보다는
수학을 잘해.

잠… 잠깐!
널 위해
선물을 준비했어!!

그게 뭐지?

문제를 풀면
알려 주지!

12개의 연필을 4자루씩 묶으면 8은 12의 얼마일까?

 연필을 묶어 볼게! 전체가 똑같이 3묶음으로 나누어졌어!!

4는 전체 12를 똑같이 3묶음으로 나눈 것 중 1묶음이지?

 오! 알겠다! 4는 12를 3묶음으로 나눈 것 중

한 묶음이니까 $\frac{1}{3}$ 이네! 그럼 8은… $\frac{2}{3}$!!!

아뵤

마음의
꿀팁

분수를 이해할 때 중요한 건 분모와 분자가 뜻하는 걸 알아야 해. 예를 들어서 10의 $\frac{1}{5}$을 이해할 때 분모 5는 묶음 수를 뜻해. 분자 1은 전체 5묶음 중 1묶음을 말하지. 10을 2개씩 5묶음으로 만들 수 있지? 즉 1묶음에 2개가 들어가. 그래서 10의 $\frac{1}{5}$은 2야(1묶음에 2개).

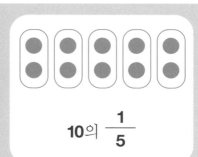

$10의 \frac{1}{5}$

똑같이 나누기

그림을 이용해서 음식을 똑같이 나누어 봐.
1묶음에 몇 개가 있는지를 구하면 부분은 전체의
얼마인지 알 수 있어.

💬 빈칸에 알맞은 수를 써넣으세요

예시
사과 **16**개를 **8**묶음으로 똑같이 나누었습니다.

1묶음은 전체 묶음의 $\dfrac{1}{8}$ 입니다.

① 머핀 **8**개를 **2**묶음으로 똑같이 나누었습니다.

1묶음은 전체 묶음의 $\dfrac{1}{\square}$ 입니다.

② 석류 **10**개를 **5**묶음으로 똑같이 나누었습니다.

1묶음은 전체 묶음의 $\dfrac{1}{\square}$ 입니다.

③ 레몬 **16**개를 **4**묶음으로 똑같이 나누었습니다.

1묶음은 전체 묶음의 $\dfrac{1}{\square}$ 입니다.

④ 딸기 **9**개를 **3**묶음으로 똑같이 나누었습니다.

1묶음은 전체 묶음의 $\dfrac{1}{\square}$ 입니다.

⑤ 포도 **12**송이를 **4**묶음으로 똑같이 나누었습니다.

1묶음은 전체 묶음의 $\dfrac{1}{\square}$ 입니다.

⑥ 사탕 **10**개를 **2**묶음으로 똑같이 나누었습니다.

1묶음은 전체 묶음의 $\dfrac{1}{\square}$ 입니다.

⑦ 도넛 **15**개를 **5**묶음으로 똑같이 나누었습니다.

1묶음은 전체 묶음의 $\dfrac{1}{\square}$ 입니다.

똑같이 나누기

빈칸에 알맞은 수를 써넣으세요.

① 사과 **16**개를 **2**묶음으로 똑같이 나누었습니다.

1묶음은 전체 묶음의 $\dfrac{1}{\boxed{}}$ 입니다.

② 머핀 **14**개를 **2**묶음으로 똑같이 나누었습니다.

1묶음은 전체 묶음의 $\dfrac{1}{\boxed{}}$ 입니다.

③ 석류 **18**개를 **3**묶음으로 똑같이 나누었습니다.

1묶음은 전체 묶음의 $\dfrac{1}{\boxed{}}$ 입니다.

④ 레몬 **12**개를 **6**묶음으로 똑같이 나누었습니다.

1묶음은 전체 묶음의 $\dfrac{1}{\boxed{}}$ 입니다.

⑤ 딸기 **8**개를 **4**묶음으로 똑같이 나누었습니다.

1묶음은 전체 묶음의 $\dfrac{1}{\boxed{}}$ 입니다.

⑥ 포도 **12**송이를 **3**묶음으로 똑같이 나누었습니다.

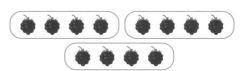

1묶음은 전체 묶음의 $\dfrac{1}{\boxed{}}$ 입니다.

⑦ 사탕 **20**개를 **4**묶음으로 똑같이 나누었습니다.

1묶음은 전체 묶음의 $\dfrac{1}{\boxed{}}$ 입니다.

⑧ 도넛 **12**개를 **2**묶음으로 똑같이 나누었습니다.

1묶음은 전체 묶음의 $\dfrac{1}{\boxed{}}$ 입니다.

9의 $\frac{2}{3}$를 이해할 때는 아이스크림 9개를 3개씩 묶은 것 중 2묶음에 아이스크림이 모두 몇 개 있는지를 물어본다고 이해하면 좋아! 그림과 연결시켜 보자.

문제를 읽고 똑같은 묶음으로 묶은 후 알맞은 수를 써넣으세요.

 9의 $\frac{2}{3}$ 는 얼마일까?

먼저 아이스크림 9개를 똑같이 3묶음으로 묶어 봐~ 9의 $\frac{1}{3}$ 은 3이란 걸 알 수 있지!

아하, 그러면 9의 $\frac{2}{3}$ 는 6이겠네!

$\frac{2}{3}$ 는 똑같이 3묶음으로 묶은 것 중에 2묶음을 뜻해~

---

① 도넛 **6**개를 똑같이 **3**묶음으로 나누어 보세요.

6의 $\frac{1}{3}$ 은 얼마인가요? ☐

② 아이스크림 **12**개를 똑같이 **3**묶음으로 나누어 보세요.

12의 $\frac{2}{3}$ 는 얼마인가요? ☐

③ 사탕 **16**개를 똑같이 **4**묶음으로 나누어 보세요.

16의 $\frac{3}{4}$ 은 얼마인가요? ☐

④ 머핀 **15**개를 똑같이 **5**묶음으로 나누어 보세요.

15의 $\frac{2}{5}$ 는 얼마인가요? ☐

⑤ 케이크 **8**개를 똑같이 **4**묶음으로 나누어 보세요.

8의 $\frac{2}{4}$ 는 얼마인가요? ☐

⑥ 레몬 **10**개를 똑같이 **2**묶음으로 나누어 보세요.

10의 $\frac{1}{2}$ 은 얼마인가요? ☐

🗨 문제를 읽고 똑같은 묶음으로 묶은 후 알맞은 수를 써넣으세요.

① 도넛 **8**개를 똑같이 **4**묶음으로 나누어 보세요.

8의 $\dfrac{3}{4}$ 은 얼마인가요? ☐

② 사탕 **10**개를 똑같이 **5**묶음으로 나누어 보세요.

10의 $\dfrac{2}{5}$ 는 얼마인가요? ☐

③ 아이스크림 **20**개를 똑같이 **5**묶음으로 나누어 보세요.

20의 $\dfrac{3}{5}$ 은 얼마인가요? ☐

④ 머핀 **18**개를 똑같이 **9**묶음으로 나누어 보세요.

18의 $\dfrac{5}{9}$ 는 얼마인가요? ☐

⑤ 케이크 **12**개를 똑같이 **6**묶음으로 나누어 보세요.

12의 $\dfrac{4}{6}$ 은 얼마인가요? ☐

⑥ 레몬 **21**개를 똑같이 **3**묶음으로 나누어 보세요.

21의 $\dfrac{2}{3}$ 는 얼마인가요? ☐

⑦ 사과 **18**개를 똑같이 **6**묶음으로 나누어 보세요.

18의 $\dfrac{3}{6}$ 은 얼마인가요? ☐

⑧ 포도 **15**송이를 똑같이 **3**묶음으로 나누어 보세요.

15의 $\dfrac{2}{3}$ 는 얼마인가요? ☐

색칠한 부분을
분수로 나타내기

먼저 전체 묶음이 몇 개인지 확인해.
그리고 색칠한 부분이 총 몇 묶음인지 알아야겠지?
분모는 전체, 분자는 부분이 들어간다고 생각하면 돼.

묶음의 수를 생각하여 색칠한 부분이 전체의 얼마인지 분수로 나타내어 보세요.

예시

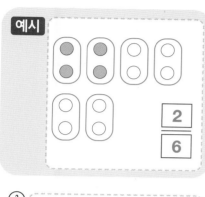

①

②

③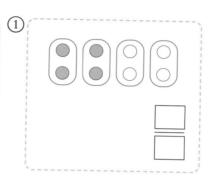

④

⑤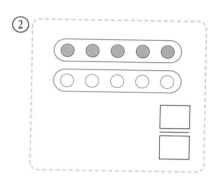

⑥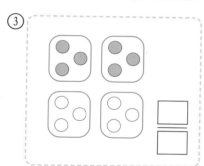

⑦

⑧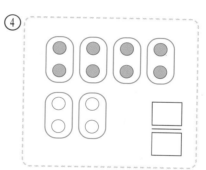

⑨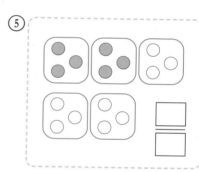

⑩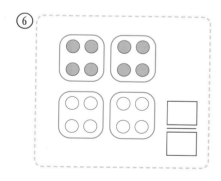

⑪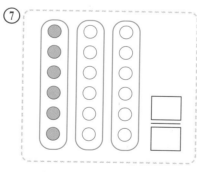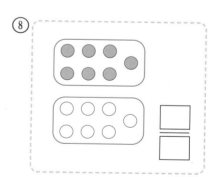

묶음의 수를 생각하여 색칠한 부분이 전체의 얼마인지 분수로 나타내어 보세요.

①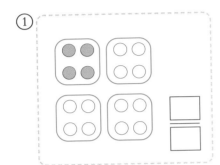

②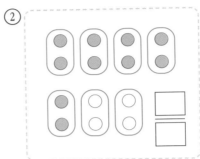

③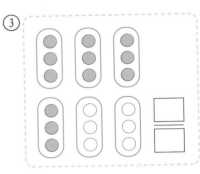

④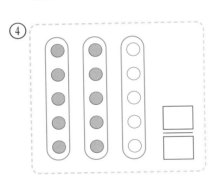

⑤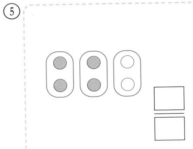

⑥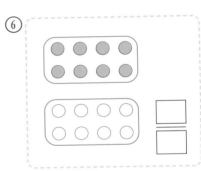

⑦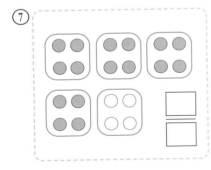

⑧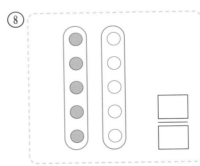

⑨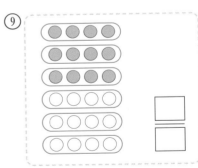

⑩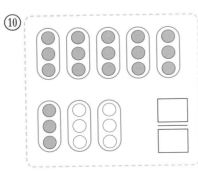

⑪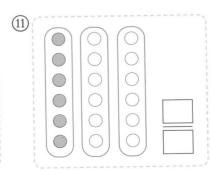

⑫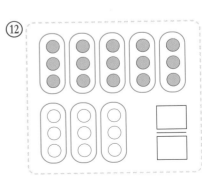

분수로 나타내기(1)

10을 5씩 묶으면 1묶음에 5개가 들어 있고
총 2묶음이 나오지? 결국 5는 전체 2묶음 중
1묶음이 돼. 그래서 답은 $\frac{1}{2}$이 돼.

그림을 알맞게 묶은 후 빈칸에 알맞은 수를 써넣으세요.

10을 5씩 묶으면
몇 묶음이 나올까?

2묶음이 나와!
5는 전체 10을 똑같이 2묶음으로
나눈 것 중의 1묶음이야!
그럼 5는 10의 $\frac{1}{2}$야.

10을 5씩 묶으면 5는 10의 $\frac{1}{2}$ 입니다.

예시

10을 **5**씩 묶으면 **5**는 **10**의 $\frac{1}{2}$ 입니다.

①

16을 **4**씩 묶으면 **4**는 **16**의 $\frac{\square}{\square}$ 입니다.

②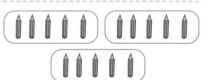

15를 **5**씩 묶으면 **5**는 **15**의 $\frac{\square}{\square}$ 입니다.

③

20을 **5**씩 묶으면 **5**는 **20**의 $\frac{\square}{\square}$ 입니다.

④

12를 **3**씩 묶으면 **3**은 **12**의 $\frac{\square}{\square}$ 입니다.

⑤

10을 **2**씩 묶으면 **2**는 **10**의 $\frac{\square}{\square}$ 입니다.

4 DAY

B 분수로 나타내기(1)

그림을 알맞게 묶은 후 빈칸에 알맞은 수를 써넣으세요.

①

10을 **5**씩 묶으면 **5**는 **10**의 $\dfrac{\square}{\square}$ 입니다.

②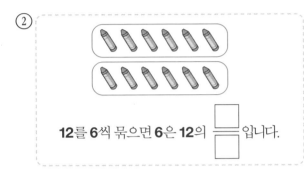

12를 **6**씩 묶으면 **6**은 **12**의 $\dfrac{\square}{\square}$ 입니다.

③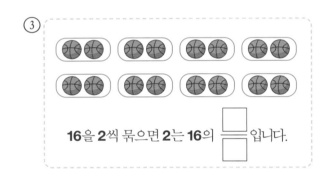

16을 **2**씩 묶으면 **2**는 **16**의 $\dfrac{\square}{\square}$ 입니다.

④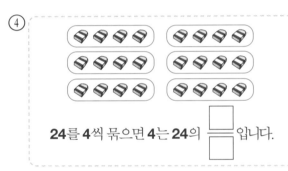

24를 **4**씩 묶으면 **4**는 **24**의 $\dfrac{\square}{\square}$ 입니다.

⑤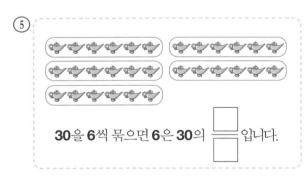

30을 **6**씩 묶으면 **6**은 **30**의 $\dfrac{\square}{\square}$ 입니다.

⑥

18을 **9**씩 묶으면 **9**는 **18**의 $\dfrac{\square}{\square}$ 입니다.

⑦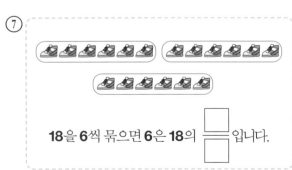

18을 **6**씩 묶으면 **6**은 **18**의 $\dfrac{\square}{\square}$ 입니다.

⑧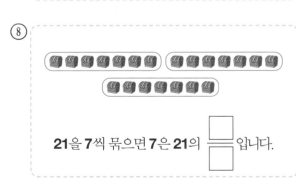

21을 **7**씩 묶으면 **7**은 **21**의 $\dfrac{\square}{\square}$ 입니다.

분수에서는 몇씩 묶는다는 표현이 중요해! 묶음의 수를
구해야 분모의 값을 구할 수 있기 때문이야. 연필 12
자루를 4자루씩 묶으면 3묶음이 나와서 분모가 3이 돼.

💬 빈칸에 알맞은 수를 써넣으세요.

연필 12자루를 4자루씩
묶으면 3묶음이 나와!

그러면 8은
12의 얼마일까?

4는 12의 $\dfrac{1}{3}$ 이야.
전체 3묶음 중 1묶음에
연필이 4자루 있어.

1묶음에 연필이 4자루니까
2묶음에는 8자루가 들어 있어.
전체 3묶음 중 2묶음을 선택해야
8자루의 연필이 되니까 답은 $\dfrac{2}{3}$ 야.

① 15를 3씩 묶으면

9는 15의 $\dfrac{\square}{\square}$ 입니다.

② 12를 4씩 묶으면

8은 12의 $\dfrac{\square}{\square}$ 입니다.

③ 20를 4씩 묶으면

12은 20의 $\dfrac{\square}{\square}$ 입니다.

④ 10을 5씩 묶으면

5는 10의 $\dfrac{\square}{\square}$ 입니다.

⑤ 24를 6씩 묶으면

12는 24의 $\dfrac{\square}{\square}$ 입니다.

⑥ 24를 3씩 묶으면

18은 24의 $\dfrac{\square}{\square}$ 입니다.

⑦ 18를 3씩 묶으면

9는 18의 $\dfrac{\square}{\square}$ 입니다.

⑧ 20를 5씩 묶으면

10은 20의 $\dfrac{\square}{\square}$ 입니다.

● 빈칸에 알맞은 수를 써넣으세요.

① 21을 7씩 묶으면

14는 21의 □/□ 입니다.

② 24를 3씩 묶으면

12는 24의 □/□ 입니다.

③ 20을 4씩 묶으면

16은 20의 □/□ 입니다.

④ 18을 2씩 묶으면

12는 18의 □/□ 입니다.

⑤ 12를 3씩 묶으면

9는 12의 □/□ 입니다.

⑥ 32를 4씩 묶으면

16은 32의 □/□ 입니다.

⑦ 27을 3씩 묶으면

18은 27의 □/□ 입니다.

⑧ 28을 4씩 묶으면

16은 28의 □/□ 입니다.

⑨ 16을 4씩 묶으면

12는 16의 □/□ 입니다.

⑩ 21을 3씩 묶으면

15는 21의 □/□ 입니다.

⑪ 35를 7씩 묶으면

21은 35의 □/□ 입니다.

⑫ 24를 8씩 묶으면

16은 24의 □/□ 입니다.

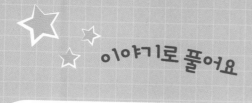
석이는 오래전 자신이 아끼던 장난감을 숨겨 놓은 상자가 생각났습니다.
집 안을 뒤져 상자를 찾았지만 상자는 열쇠로 잠겨 있습니다.
석이가 상자 위에 붙인 ❶ ~ ❸의 힌트를 해결해서
비밀번호를 완성하도록 도와주세요.

20을 2씩 묶으면 6은 20의 $\dfrac{❶}{10}$ 입니다.

20을 4씩 묶으면 12는 20의 $\dfrac{❷}{5}$ 입니다.

20을 5씩 묶으면 10은 20의 $\dfrac{❸}{4}$ 입니다.

석이가 찾은 비밀번호 :

❶ ❷ ❸

10. 잠깐의 영광

중2… 한창 사춘기에 전학을 오게 된 나.

이 학교인가…

내가 앞으로 다닐 학교가….

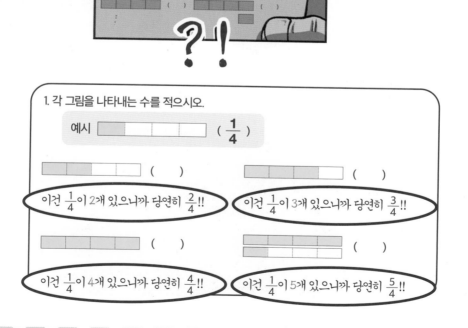

1. 각 그림을 나타내는 수를 적으시오.

예시 ($\frac{1}{4}$)

( )　　　　( )

이건 $\frac{1}{4}$이 2개 있으니까 당연히 $\frac{2}{4}$!!　　이건 $\frac{1}{4}$이 3개 있으니까 당연히 $\frac{3}{4}$!!

( )　　　　( )

이건 $\frac{1}{4}$이 4개 있으니까 당연히 $\frac{4}{4}$!!　　이건 $\frac{1}{4}$이 5개 있으니까 당연히 $\frac{5}{4}$!!

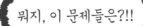

뭐지, 이 문제들은?!!

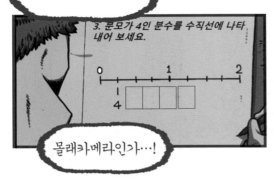

몰래카메라인가…!

옛 기억이 떠올라! 그래, 이런 걸 배웠었지.

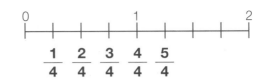

쉬우면 좋지, 뭐. 오랜만에 분수 배운 것도 생각나고 좋네.

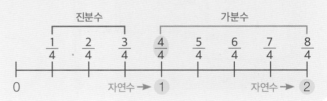

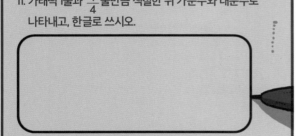

뭐지!

이 문제는 함정인가!

아… 아냐 그래! 저것 봐!

똑똑해 보이는 애가 답을 못 쓰고 있잖아?

함정 문제임이 틀림없어!

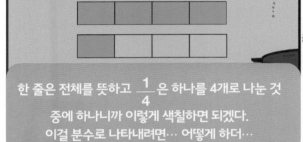

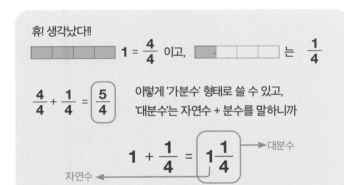

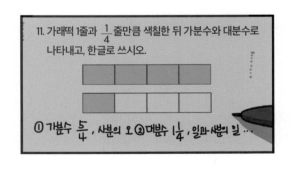

이번엔 또 무슨 문제인가.

15. 대분수를 가분수로, 가분수를 대분수로 바꾸어 보시오.

$$1\frac{3}{4} = \qquad \frac{5}{3} =$$

두 번째 함정인가!

이제 설렐 지경…!

함정고사
이 학교 학생들은 모두
인디아나 존스인가

아까처럼 풀면 쉽게 풀 수 있는 문제야.

$1\frac{3}{4}$ 은 1보다 크니까 그림을 그려 보면 이렇게 나타낼 수 있고

1은 $\frac{1}{4}$ 이 4개, $\frac{3}{4}$ 은 $\frac{1}{4}$ 이 3개 있다는 뜻이니까,

총 $\frac{1}{4}$ 은 7개! 답은 $\frac{7}{4}$!!!

ㅋㅋㅋ
쉽다 쉬워

가분수를 대분수로 바꾸는 것도 어렵지 않지.
반대로 생각하면 되니까!!

$\frac{5}{3}$ 는 분모가 3이니까 1을 3으로 나눈 수를
분수로 나타낸 거야!

1을 3개로 쪼개면 $\frac{3}{3}$

$\frac{5}{3}$ 가 되려면 $\frac{1}{3}$ 이 2개 더 필요하니까 $\frac{2}{3}$

이걸 대분수로 나타내면 $1\frac{2}{3}$ 야!!

됐다!

15. 대분수를 가분수로, 가분수를 대분수로 바꾸어 보시오.

$$1\frac{3}{4} = \frac{7}{4} \qquad \frac{5}{3} = 1\frac{2}{3}$$

끝나고 답을 맞춰 보는 아이들

예술가형

천. 재.

견제

난 여기서 천재다. 내가 이들을 가르쳐 주어야겠군.

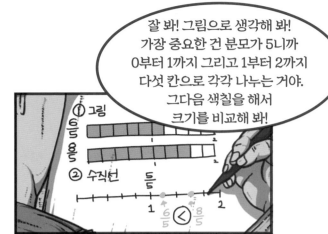

잘 봐! 그림으로 생각해 봐!
가장 중요한 건 분모가 5니까
0부터 1까지 그리고 1부터 2까지
다섯 칸으로 각각 나누는 거야.
그다음 색칠을 해서
크기를 비교해 봐!

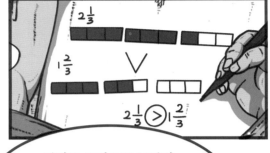

이것도 그림으로 그리면
쉬워. 분모가 3이니까
3으로 똑같이 나눈 막대를 생각해야 해!
이렇게 하니까 쉽지?

네?
뭐라고요,
교감선생님?

우리 반에
올 전학생이
없어요?

초등학교 교실에서
시험을 보다니!

너 뭐야!!!
돌아가!!!

잠깐 느껴 본 천재의 기분… 좋았다….

마음의
꿀팁

분수를 공부할 때 다양한 도형, 그림 등을 이용하면 개념을 이해할 때 도움이 돼. 내가
공부한 방법을 잊지 말고 문제를 풀 때 적용하면 개념도 익히고 문제도 해결하고
일석이조지? 분수 문제가 어려울 때는 도형과 그림을 적극적으로 활용해 봐.

여러 가지 분수 알아보기(1)

분수에서 분모의 크기는 매우 중요해. 분모의 크기만큼 똑같이 나누어져야 하기 때문이야. 예를 들어서 $\frac{1}{3}$은 전체를 똑같이 3등분 한 것 중 한 개라는 뜻이야.

주어진 그림의 색칠된 부분만큼 분수로 나타내고 수직선의 위치에 알맞은 분수를 써넣으세요.

예시

$\frac{1}{3}$

$\frac{2}{3}$

0 ——————— 1

$\frac{1}{3}$ $\frac{2}{3}$

① ② ③ ④ ⑤ ⑥ ⑦ ⑧

진분수는 ○표, 가분수는 △표 하세요.

① $\dfrac{1}{6}$ $\dfrac{3}{8}$ $\dfrac{5}{2}$ $\dfrac{11}{4}$ $\dfrac{9}{9}$ $\dfrac{12}{13}$

② $\dfrac{2}{7}$ $\dfrac{6}{5}$ $\dfrac{2}{3}$ $\dfrac{6}{8}$ $\dfrac{7}{4}$ $\dfrac{10}{11}$

③ $\dfrac{9}{10}$ $\dfrac{6}{6}$ $\dfrac{1}{2}$ $\dfrac{4}{8}$ $\dfrac{15}{9}$ $\dfrac{9}{5}$

④ $\dfrac{5}{5}$ $\dfrac{13}{10}$ $\dfrac{6}{11}$ $\dfrac{5}{3}$ $\dfrac{9}{7}$ $\dfrac{8}{10}$

⑤ $\dfrac{12}{14}$ $\dfrac{9}{12}$ $\dfrac{6}{4}$ $\dfrac{7}{2}$ $\dfrac{19}{13}$ $\dfrac{4}{11}$

⑥ $\dfrac{1}{8}$ $\dfrac{8}{6}$ $\dfrac{4}{10}$ $\dfrac{10}{5}$ $\dfrac{7}{7}$ $\dfrac{7}{12}$

⑦ $\dfrac{4}{2}$ $\dfrac{8}{9}$ $\dfrac{5}{14}$ $\dfrac{13}{6}$ $\dfrac{7}{11}$ $\dfrac{7}{3}$

⑧ $\dfrac{12}{15}$ $\dfrac{9}{4}$ $\dfrac{10}{12}$ $\dfrac{7}{8}$ $\dfrac{14}{14}$ $\dfrac{8}{3}$

⑨ $\dfrac{14}{7}$ $\dfrac{1}{9}$ $\dfrac{6}{12}$ $\dfrac{11}{10}$ $\dfrac{4}{4}$ $\dfrac{12}{8}$

대분수 나타내어 보기

대분수는 1¾과 같이 자연수와 진분수로 이루어진 분수야. 1은 자연수를 뜻하고 ¾은 진분수를 뜻해.

💬 내용에 맞게 그림에 색칠하고 빈칸에 알맞은 수를 쓰세요.

예시

사각형을 **2**와 $\frac{1}{2}$만큼 색칠하고 대분수로 나타내어 보세요.

$2 \dfrac{1}{2}$

① 원을 **3**과 $\frac{2}{3}$만큼 색칠하고 대분수로 나타내어 보세요.

② 사각형을 **4**와 $\frac{1}{4}$만큼 색칠하고 대분수로 나타내어 보세요.

③ 원을 **3**과 $\frac{2}{5}$만큼 색칠하고 대분수로 나타내어 보세요.

④ 사각형을 **6**과 $\frac{4}{5}$만큼 색칠하고 대분수로 나타내어 보세요.

⑤ 원을 **2**와 $\frac{3}{4}$만큼 색칠하고 대분수로 나타내어 보세요.

⑥ 사각형을 **3**과 $\frac{2}{4}$만큼 색칠하고 대분수로 나타내어 보세요.

⑦ 원을 **3**과 $\frac{3}{8}$만큼 색칠하고 대분수로 나타내어 보세요.

⑧ 사각형을 **4**와 $\frac{5}{6}$만큼 색칠하고 대분수로 나타내어 보세요.

분수를 수직선에 나타내기

주어진 분수를 수직선에 나타내어 보고, 어떤 분수인지 ◯ 표 하세요.

① $\dfrac{9}{6}$ (진분수, 가분수, 대분수) $\dfrac{5}{6}$ (진분수, 가분수, 대분수) $1\dfrac{2}{6}$ (진분수, 가분수, 대분수)

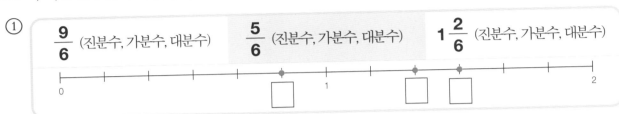

② $\dfrac{3}{5}$ (진분수, 가분수, 대분수) $1\dfrac{4}{5}$ (진분수, 가분수, 대분수) $\dfrac{5}{5}$ (진분수, 가분수, 대분수)

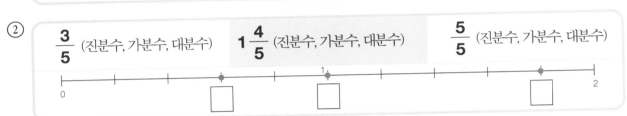

③ $\dfrac{14}{8}$ (진분수, 가분수, 대분수) $2\dfrac{2}{8}$ (진분수, 가분수, 대분수) $\dfrac{6}{8}$ (진분수, 가분수, 대분수)

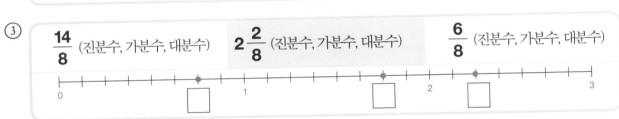

④ $\dfrac{2}{7}$ (진분수, 가분수, 대분수) $1\dfrac{4}{7}$ (진분수, 가분수, 대분수) $\dfrac{7}{7}$ (진분수, 가분수, 대분수)

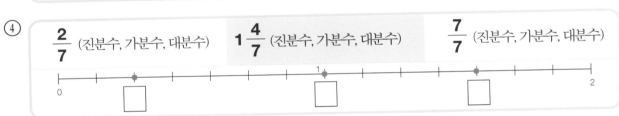

⑤ $1\dfrac{4}{6}$ (진분수, 가분수, 대분수) $\dfrac{7}{6}$ (진분수, 가분수, 대분수) $\dfrac{2}{6}$ (진분수, 가분수, 대분수)

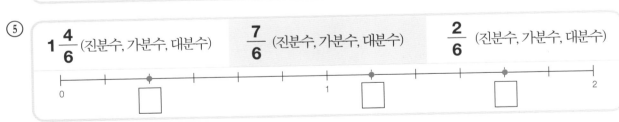

⑥ $1\dfrac{4}{5}$ (진분수, 가분수, 대분수) $\dfrac{1}{5}$ (진분수, 가분수, 대분수) $\dfrac{5}{5}$ (진분수, 가분수, 대분수)

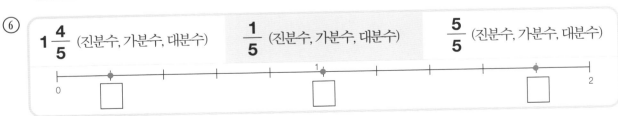

3 DAY
A
대분수를 가분수로 가분수를 대분수로 나타내기

대분수는 자연수와 진분수로 이루어졌어.
여기서 중요한 건 진분수의 분모 값으로 똑같이
나누어야 한다는 거야.

그림을 보고 대분수는 가분수로, 가분수는 대분수로 바꿔서 나타내어 보세요

$2\dfrac{1}{4}$

대분수를 가분수로 바꿀 때는
1개의 원이 4등분 되어 있기 때문에
단위분수 $\dfrac{1}{4}$ 이 모두 몇 개
색칠 됐는지 세어 보면 돼!

모두 9개가 색칠되어 있네!
그럼 $\dfrac{1}{4}$ 가 9개 있으니까
$\dfrac{9}{4}$ 라고 적을 수 있구나!

반대로 $\dfrac{9}{4}$ 를 대분수로 바꿀 때는
9에 4가 몇 번 포함됐는지 생각해 봐.
4가 2번 들어가고 1번 남지?
그래서 $2\dfrac{1}{4}$ 로 나타낼 수 있어.

①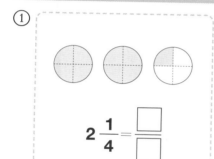

$2\dfrac{1}{4}=\dfrac{\square}{\square}$

②

$\dfrac{11}{6}=\square\dfrac{\square}{\square}$

③

$3\dfrac{2}{5}=\dfrac{\square}{\square}$

④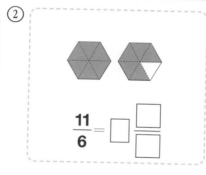

$\dfrac{7}{4}=\square\dfrac{\square}{\square}$

⑤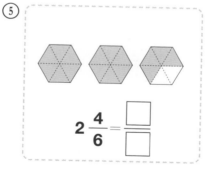

$2\dfrac{4}{6}=\dfrac{\square}{\square}$

⑥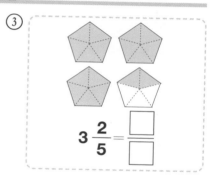

$\dfrac{15}{7}=\square\dfrac{\square}{\square}$

⑦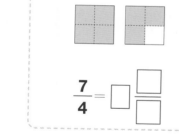

$5\dfrac{2}{3}=\dfrac{\square}{\square}$

⑧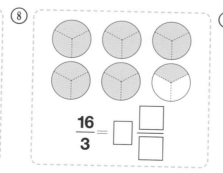

$\dfrac{16}{3}=\square\dfrac{\square}{\square}$

⑨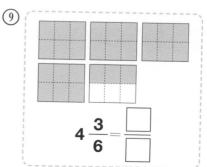

$4\dfrac{3}{6}=\dfrac{\square}{\square}$

10. 잠깐의 영광

175

대분수를 가분수로, 가분수를 대분수로 바꿔서 써 보세요.

① $5\dfrac{1}{3} = \dfrac{\square}{\square}$
② $\dfrac{11}{3} = \square\dfrac{\square}{\square}$
③ $\dfrac{13}{5} = \square\dfrac{\square}{\square}$
④ $3\dfrac{4}{7} = \dfrac{\square}{\square}$

⑤ $1\dfrac{9}{11} = \dfrac{\square}{\square}$
⑥ $\dfrac{37}{7} = \square\dfrac{\square}{\square}$
⑦ $\dfrac{21}{2} = \square\dfrac{\square}{\square}$
⑧ $4\dfrac{2}{5} = \dfrac{\square}{\square}$

⑨ $1\dfrac{4}{7} = \dfrac{\square}{\square}$
⑩ $\dfrac{34}{8} = \square\dfrac{\square}{\square}$
⑪ $\dfrac{14}{8} = \square\dfrac{\square}{\square}$
⑫ $4\dfrac{3}{7} = \dfrac{\square}{\square}$

⑬ $5\dfrac{2}{5} = \dfrac{\square}{\square}$
⑭ $\dfrac{26}{9} = \square\dfrac{\square}{\square}$
⑮ $\dfrac{14}{9} = \square\dfrac{\square}{\square}$
⑯ $3\dfrac{5}{6} = \dfrac{\square}{\square}$

⑰ $2\dfrac{4}{5} = \dfrac{\square}{\square}$
⑱ $\dfrac{21}{4} = \square\dfrac{\square}{\square}$
⑲ $\dfrac{15}{6} = \square\dfrac{\square}{\square}$
⑳ $1\dfrac{4}{8} = \dfrac{\square}{\square}$

㉑ $6\dfrac{1}{2} = \dfrac{\square}{\square}$
㉒ $\dfrac{31}{9} = \square\dfrac{\square}{\square}$
㉓ $\dfrac{19}{5} = \square\dfrac{\square}{\square}$
㉔ $2\dfrac{2}{9} = \dfrac{\square}{\square}$

분수의 크기 비교

분모가 같은 대분수끼리 크기를 비교할 때는 먼저 대분수의 자연수의 크기를 비교하고, 자연수의 크기가 같으면 진분수의 분자의 크기를 비교하면 돼.

 분수의 크기를 비교하여 ◯안에 >, =, <를 알맞게 써넣으세요.

① $\dfrac{4}{5}$ ◯ $\dfrac{7}{5}$

② $\dfrac{8}{3}$ ◯ $\dfrac{6}{3}$

③ $\dfrac{15}{4}$ ◯ $\dfrac{16}{4}$

④ $2\dfrac{2}{3}$ ◯ $1\dfrac{2}{3}$

⑤ $3\dfrac{5}{7}$ ◯ $3\dfrac{6}{7}$

⑥ $2\dfrac{1}{8}$ ◯ $1\dfrac{6}{8}$

⑦ $\dfrac{15}{8}$ ◯ $\dfrac{22}{8}$

⑧ $\dfrac{45}{6}$ ◯ $\dfrac{31}{6}$

⑨ $\dfrac{32}{7}$ ◯ $\dfrac{44}{7}$

⑩ $4\dfrac{5}{6}$ ◯ $4\dfrac{1}{6}$

⑪ $5\dfrac{5}{6}$ ◯ $8\dfrac{2}{6}$

⑫ $3\dfrac{2}{3}$ ◯ $2\dfrac{2}{3}$

⑬ $4\dfrac{4}{9}$ ◯ $3\dfrac{8}{9}$

⑭ $\dfrac{61}{3}$ ◯ $\dfrac{60}{3}$

⑮ $5\dfrac{6}{8}$ ◯ $6\dfrac{6}{8}$

⑯ $\dfrac{87}{9}$ ◯ $7\dfrac{8}{9}$

⑰ $\dfrac{82}{6}$ ◯ $12\dfrac{4}{6}$

⑱ $4\dfrac{2}{7}$ ◯ $\dfrac{60}{7}$

분수의 크기 비교

분수의 크기를 비교하여 ◯ 안에 >, =, <를 알맞게 써넣으세요.

① $1\dfrac{3}{4}$ ◯ $\dfrac{9}{4}$

② $\dfrac{17}{6}$ ◯ $2\dfrac{1}{6}$

③ $\dfrac{21}{7}$ ◯ $2\dfrac{5}{7}$

④ $1\dfrac{5}{9}$ ◯ $\dfrac{14}{9}$

⑤ $2\dfrac{4}{5}$ ◯ $\dfrac{24}{5}$

⑥ $\dfrac{19}{2}$ ◯ $8\dfrac{1}{2}$

⑦ $4\dfrac{2}{3}$ ◯ $\dfrac{20}{3}$

⑧ $7\dfrac{7}{8}$ ◯ $\dfrac{60}{8}$

⑨ $\dfrac{21}{6}$ ◯ $2\dfrac{4}{6}$

⑩ $\dfrac{29}{3}$ ◯ $9\dfrac{1}{3}$

⑪ $\dfrac{34}{4}$ ◯ $8\dfrac{2}{4}$

⑫ $2\dfrac{3}{9}$ ◯ $\dfrac{24}{9}$

⑬ $6\dfrac{1}{2}$ ◯ $\dfrac{15}{2}$

⑭ $4\dfrac{2}{5}$ ◯ $\dfrac{28}{5}$

⑮ $2\dfrac{3}{8}$ ◯ $\dfrac{21}{8}$

⑯ $\dfrac{12}{7}$ ◯ $1\dfrac{5}{7}$

⑰ $10\dfrac{4}{9}$ ◯ $\dfrac{101}{9}$

⑱ $\dfrac{48}{6}$ ◯ $8\dfrac{1}{6}$

대분수와 가분수의 크기 비교

가분수와 대분수의 크기를 비교할 때 가분수를 대분수로 또는 대분수를 가분수로 바꾼 후 비교해야 좋아! 이제까지 공부한 내용을 잊지 않았지?

두 분수의 크기를 비교하여 더 작은 분수를 빈칸에 써넣으세요.

대분수와 가분수의 크기를 비교할 때는 두 분수 중 하나를 가분수 또는 대분수로 나타내어 비교하는 게 좋아. 대분수를 가분수로 바꿀 때는 이렇게 바꿀 수 있어.

$$1\frac{3}{4} = \boxed{\frac{7}{4}}$$

$$4\times1+3=\boxed{7}$$

대분수의 분모 4와 자연수 1을 곱하고 분자 3을 더하면 □에 들어가는 수를 구할 수 있어.

① $\dfrac{11}{7}$ $\quad 1\dfrac{5}{7}$ $\quad 2\dfrac{2}{7}$ $\quad 1\dfrac{6}{7}$

② $3\dfrac{3}{5}$ $\quad 3\dfrac{2}{5}$ $\quad \dfrac{21}{5}$ $\quad 2\dfrac{4}{5}$

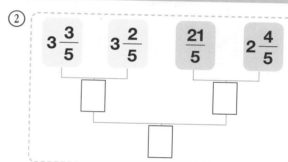

③ $\dfrac{33}{4}$ $\quad 6\dfrac{2}{4}$ $\quad 7\dfrac{1}{4}$ $\quad \dfrac{55}{4}$

④ $2\dfrac{2}{8}$ $\quad 2\dfrac{1}{8}$ $\quad \dfrac{33}{8}$ $\quad \dfrac{26}{8}$

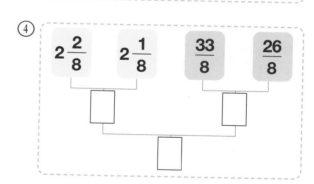

⑤ $7\dfrac{4}{6}$ $\quad \dfrac{32}{6}$ $\quad 6\dfrac{1}{6}$ $\quad 6\dfrac{4}{6}$

⑥ $3\dfrac{8}{9}$ $\quad \dfrac{61}{9}$ $\quad 4\dfrac{4}{9}$ $\quad \dfrac{63}{9}$

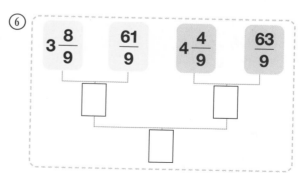

대분수를 가분수로 바꿔서 크기 비교하기

빈칸에 들어갈 수 있는 수 중에서 가장 큰 수와 가장 작은 수의 합을 구해 보세요.

$$2\frac{5}{7} < \frac{\square}{7} < 4\frac{2}{7}$$

먼저 대분수를 모두 가분수로 바꿔야 해. 가분수의 크기를 비교할 때는 분모가 똑같으면 분자의 크기만 비교하면 되는 거야.

$2\frac{5}{7} = \frac{19}{7}$, $4\frac{2}{7} = \frac{30}{7}$ 이니까

이 문제는 결국 $19<\square<30$의 크기를 비교하는 것과 같은 거네!

그치! □에 들어가는 가장 큰 수는 29, 가장 작은 수는 20이 되겠지?

① $2\frac{3}{6} < \frac{\square}{6} < 4\frac{1}{6}$ 합 : $\square$

② $3\frac{1}{5} < \frac{\square}{5} < 5\frac{2}{5}$ 합 : $\square$

③ $5\frac{1}{2} < \frac{\square}{2} < 8\frac{1}{2}$ 합 : $\square$

④ $2\frac{2}{4} < \frac{\square}{4} < 3\frac{3}{4}$ 합 : $\square$

⑤ $1\frac{2}{3} < \frac{\square}{3} < 4\frac{1}{3}$ 합 : $\square$

⑥ $2\frac{3}{5} < \frac{\square}{5} < 4\frac{1}{5}$ 합 : $\square$

⑦ $3\frac{5}{6} < \frac{\square}{6} < 5\frac{2}{6}$ 합 : $\square$

⑧ $4\frac{1}{3} < \frac{\square}{3} < 7\frac{2}{3}$ 합 : $\square$

⑨ $3\frac{7}{9} < \frac{\square}{9} < 5\frac{3}{9}$ 합 : $\square$

⑩ $2\frac{6}{8} < \frac{\square}{8} < 3\frac{7}{8}$ 합 : $\square$

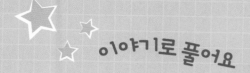
석이와 애봉이가 태양계와 관련된 책을 보다가 궁금한 점이 생겼습니다.
태양계에는 우리가 살고 있는 지구를 포함하여 총 **8**개의 행성이 있습니다.
지구를 기준으로 행성의 크기를 비교한 표를 보고 물음에 답하세요.

수성	금성	지구	화성	목성	토성	천왕성	해왕성
$\frac{4}{10}$	$\frac{9}{10}$	1	$\frac{5}{10}$	$11\frac{1}{5}$	$9\frac{2}{5}$	4	$3\frac{9}{10}$

❶ 지구보다 크기가 작은 행성의 이름을 모두 쓰세요.

❷ 목성과 토성 중 어떤 행성의 크기가 큰지 이름을 쓰세요.

❸ 8개의 행성 중 행성의 크기가 대분수인 행성의 이름을 모두 쓰세요.

❹ 목성의 크기를 대분수에서 가분수로 바꿔서 쓰세요.

3학년 2권
- 정답 -

※ 한 문제 안에서 빈칸이 여러 개일 경우, 정답의 순서는
위에서 아래로 왼쪽에서 오른쪽으로 표기했습니다.

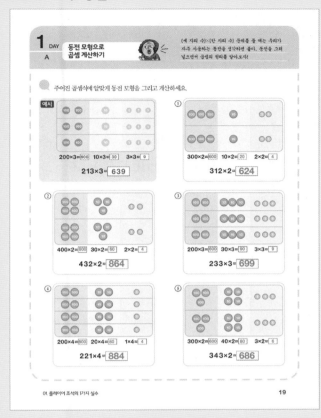

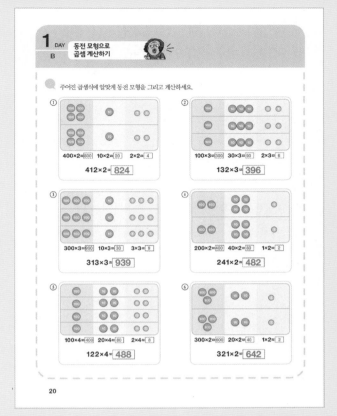

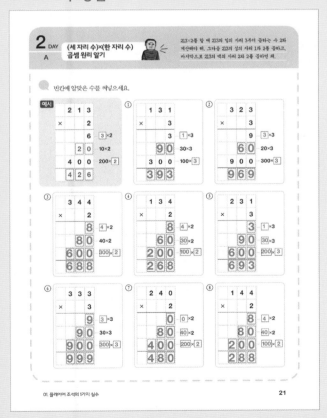

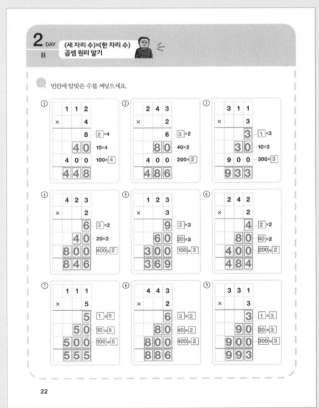

① 842   ② 628   ③ 648   ④ 664   ⑤ 828   ⑥ 399   ⑦ 488   ⑧ 696   ⑨ 284
⑩ 909   ⑪ 820   ⑫ 396

① 884   ② 248   ③ 446   ④ 606   ⑤ 864   ⑥ 486   ⑦ 966   ⑧ 884   ⑨ 822
⑩ 999   ⑪ 262   ⑫ 428   ⑬ 228   ⑭ 933   ⑮ 555   ⑯ 448   ⑰ 505   ⑱ 888
⑲ 930   ⑳ 488

① >   ② >   ③ <   ④ <   ⑤ >   ⑥ <
⑦ >   ⑧ >   ⑨ =   ⑩ >   ⑪ <   ⑫ >

① >   ② <   ③ <   ④ <   ⑤ >   ⑥ <
⑦ >   ⑧ <   ⑨ <   ⑩ >   ⑪ >   ⑫ =

① 3   ② 1   ③ 1, 4   ④ 2, 3   ⑤ 1, 3, 6
⑥ 2, 2, 4 ⑦ 1, 3, 9 ⑧ 1, 2, 4 ⑨ 1, 2, 4 ⑩ 4, 2, 4
⑪ 2, 3, 9 ⑫ 3, 3, 6 ⑬ 3, 2   ⑭ 4, 2, 6 ⑮ 3, 2, 6
⑯ 1, 5, 5 ⑰ 0, 8, 4 ⑱ 3, 3, 6 ⑲ 1, 4, 8 ⑳ 0, 9, 6

① 4, 2   ② 1, 8   ③ 1, 3, 3 ④ 3, 2   ⑤ 3, 3, 6
⑥ 4, 2, 2 ⑦ 3, 2, 2 ⑧ 3, 2, 6 ⑨ 1, 2, 4 ⑩ 2, 4, 8
⑪ 2, 2, 4 ⑫ 1, 9, 9 ⑬ 2, 3, 6 ⑭ 2, 4, 4 ⑮ 2, 3, 6
⑯ 2, 3, 6 ⑰ 1, 6, 6 ⑱ 2, 4   ⑲ 1, 4, 0 ⑳ 3, 3, 0

① 세 번째 몬스터(주황색 몬스터)

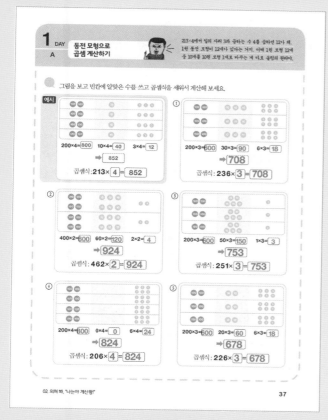

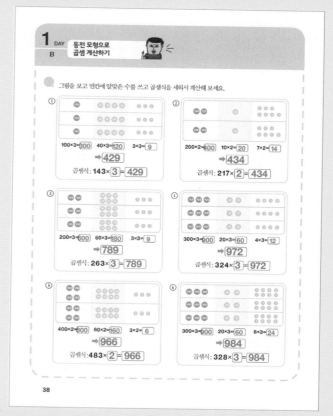

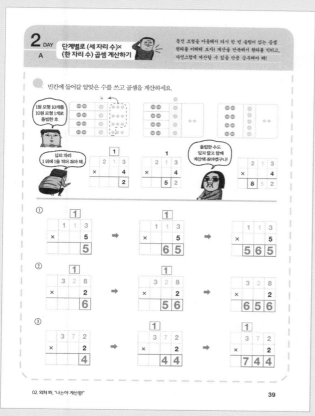

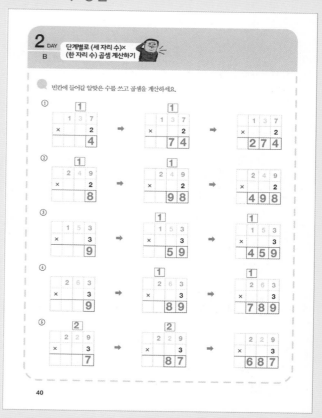

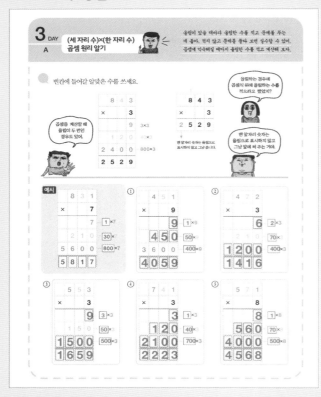

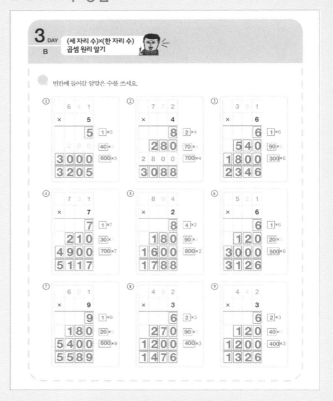

≫≫ 43쪽 정답

① 5, 4, 55, 4, 3455　　② 8, 3, 28, 3, 1528　　③ 9, 1, 89, 1, 2289
④ 6, 2, 16, 2, 2916

≫≫ 44쪽 정답

① 6, 1, 26, 1, 3726　　② 5, 3, 55, 3, 4355　　③ 9, 2, 79, 2, 1479
④ 8, 2, 48, 2, 2248　　⑤ 8, 2, 08, 2, 3408

≫≫ 45쪽 정답

① 768	② 805	③ 2405	④ 1746	⑤ 1824	⑥ 3044	⑦ 1528
⑧ 1572	⑨ 1929	⑩ 3840	⑪ 2946	⑫ 5346	⑬ 4960	⑭ 2106
⑮ 2650	⑯ 753	⑰ 1368	⑱ 576	⑲ 648	⑳ 944	

≫≫ 46쪽 정답

① 1089	② 1848	③ 2829	④ 2220	⑤ 3768	⑥ 2280	⑦ 3252
⑧ 5442	⑨ 1528	⑩ 5047	⑪ 2000	⑫ 2526	⑬ 1355	⑭ 4250
⑮ 3692	⑯ 651	⑰ 942	⑱ 642	⑲ 756	⑳ 1248	

≫≫ 47쪽 정답

720 / 154×2=308 / 352×2=704 / 1732

≫≫ 55쪽 정답

① 32, 3200, 100
④ 49, 70, 4900, 100
⑦ 120, 1200, 10

② 18, 1800, 100
⑤ 20, 40, 2000, 100

③ 54, 90, 5400, 100
⑥ 48, 480, 10

≫≫ 56쪽 정답

① 24, 2400, 100
④ 6, 30, 600, 100
⑦ 46, 460, 10

② 27, 2700, 100
⑤ 32, 80, 3200, 100
⑧ 258, 2580, 10

③ 25, 2500, 100
⑥ 56, 80, 5600, 100

≫≫ 57쪽 정답

① 1800
⑦ 840
⑬ 2580
⑲ 1440

② 900
⑧ 3000
⑭ 2200
⑳ 6640

③ 1560
⑨ 480
⑮ 920

④ 2240
⑩ 3500
⑯ 1250

⑤ 1000
⑪ 1260
⑰ 1300

⑥ 1400
⑫ 3600
⑱ 1800

≫≫ 58쪽 정답

① 2400
⑦ 950
⑬ 1980
⑲ 6390

② 4800
⑧ 3960
⑭ 4500
⑳ 2880

③ 1170
⑨ 3120
⑮ 1380
㉑ 1700

④ 1170
⑩ 1610
⑯ 3360

⑤ 2160
⑪ 2350
⑰ 4350

⑥ 3680
⑫ 1860
⑱ 1700

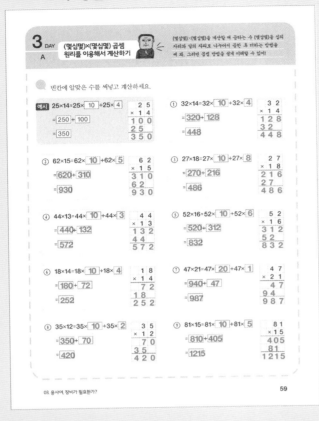

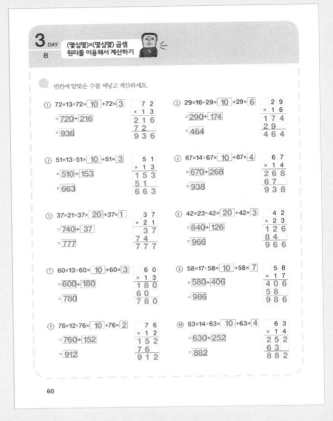

≫≫ 61쪽 정답 (두 번째 정답의 일의 자리 0은 적지 않아도 정답 처리합니다.)

① 180, 360, 540	② 37, 740, 777	③ 19, 570, 589
④ 124, 3720, 3844	⑤ 600, 750, 1350	⑥ 125, 250, 375
⑦ 128, 640, 768	⑧ 46, 920, 966	⑨ 192, 320, 512
⑩ 16, 640, 656	⑪ 72, 240, 312	

≫≫ 62쪽 정답 (두 번째 정답의 일의 자리 0은 적지 않아도 정답 처리합니다.)

① 18, 720, 738	② 48, 720, 768	③ 146, 730, 876
④ 256, 640, 896	⑤ 126, 840, 966	⑥ 171, 570, 741
⑦ 297, 660, 957	⑧ 26, 520, 546	⑨ 60, 200, 260
⑩ 48, 480, 528	⑪ 76, 760, 836	⑫ 119, 170, 289
⑬ 416, 520, 936	⑭ 84, 480, 564	⑮ 168, 840, 1008
⑯ 138, 690, 828		

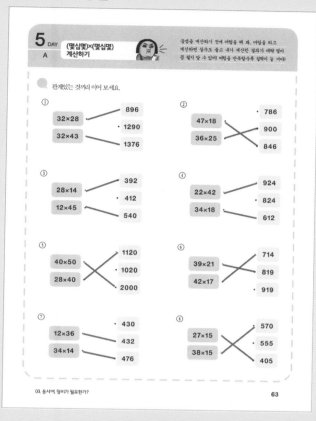

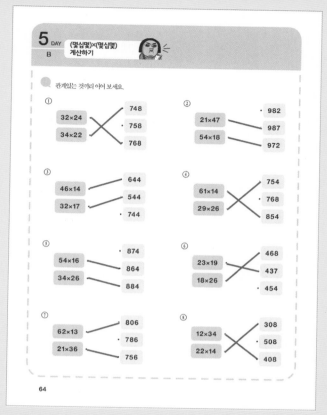

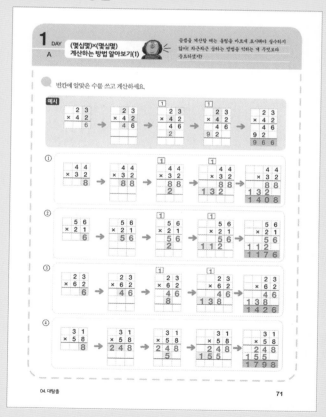

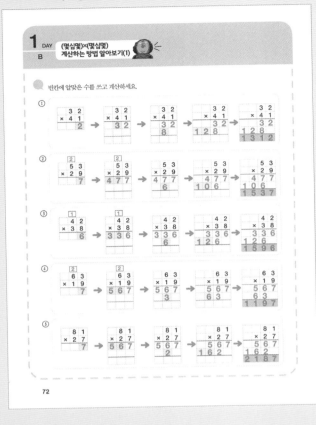

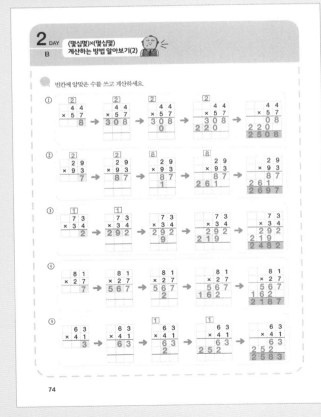

① 792	② 2214	③ 3312
④ 1218	⑤ 1656	⑥ 2912
⑦ 4482	⑧ 1204	⑨ 1102
⑩ 1541	⑪ 2576	⑫ 1936
⑬ 2205	⑭ 3328	⑮ 1786
⑯ 5796	⑰ 1008	⑱ 893
⑲ 1288	⑳ 2432	

① 1704	② 1638	③ 2013
④ 1738	⑤ 2125	⑥ 2331
⑦ 891	⑧ 3108	⑨ 2604
⑩ 1378	⑪ 1274	⑫ 2294
⑬ 3306	⑭ 943	⑮ 2139
⑯ 2107	⑰ 2688	⑱ 2420
⑲ 1752	⑳ 3828	

① 62, 34, 2108 ② 58, 19, 1102 ③ 76, 18, 1368 ④ 55, 19, 1045
⑤ 57, 34, 1938 ⑥ 66, 46, 3036 ⑦ 79, 58, 4582 ⑧ 85, 65, 5525
⑨ 65, 26, 1690 ⑩ 96, 84, 8064 ⑪ 76, 44, 3344 ⑫ 45, 17, 765
⑬ 66, 14, 924 ⑭ 46, 25, 1150 ⑮ 75, 19, 1425 ⑯ 94, 36, 3384
⑰ 58, 32, 1856

① 75, 26, 1950 ② 61, 37, 2257 ③ 63, 47, 2961 ④ 39, 33, 1287
⑤ 95, 75, 7125 ⑥ 81, 56, 4536 ⑦ 82, 59, 4838 ⑧ 35, 27, 945
⑨ 87, 17, 1479 ⑩ 92, 35, 3220 ⑪ 41, 24, 984 ⑫ 67, 51, 3417
⑬ 82, 48, 3936 ⑭ 88, 34, 2992 ⑮ 67, 18, 1206 ⑯ 92, 25, 2300
⑰ 63, 29, 1827 ⑱ 93, 28, 2604

① 72, 5, 2520 ② 83, 4, 6142 ③ 96, 7, 4512 ④ 61, 5, 5795
⑤ 73, 4, 2482 ⑥ 93, 4, 5022

① 63, 4, 3402 ② 92, 6, 6992 ③ 82, 7, 3034 ④ 42, 3, 3906
⑤ 73, 6, 4818 ⑥ 92, 5, 4140 ⑦ 96, 8, 2688 ⑧ 73, 5, 6205
⑨ 91, 4, 3094 ⑩ 83, 6, 4648

석이가 4주 동안 읽을 동화책 쪽수 : 728쪽
식 : 26×28
답 : 728

애봉이가 4주 동안 읽을 동화책 쪽수 : 644쪽
식 : 23×28
답 : 644

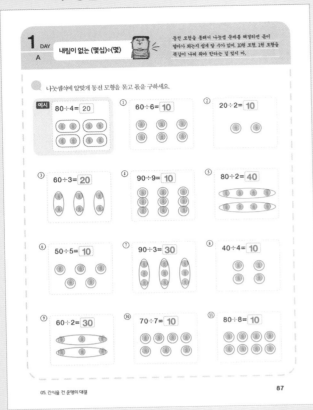

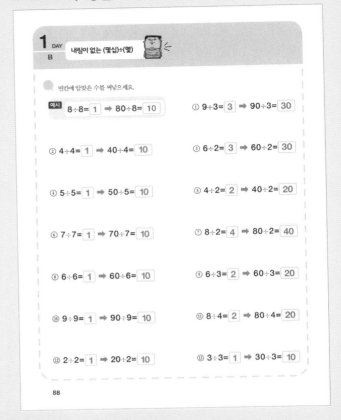

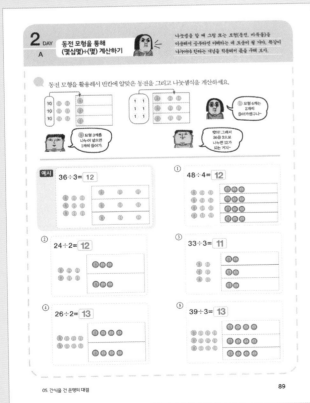

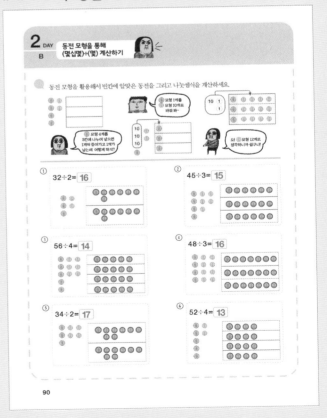

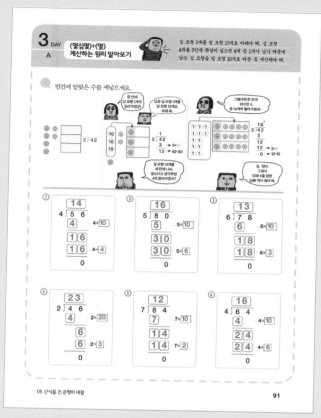

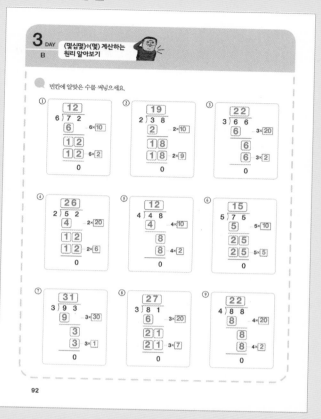

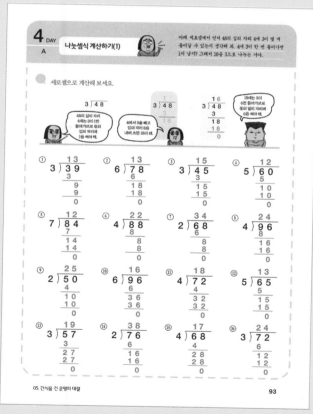

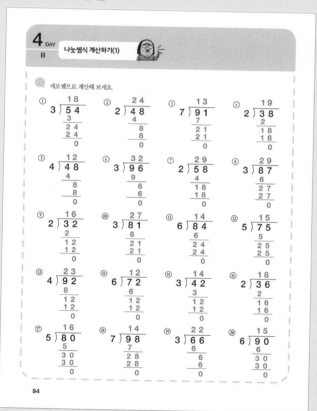

① 12　　② 15　　③ 14　　④ 15　　⑤ 18　　⑥ 40　　⑦ 14
⑧ 14　　⑨ 24　　⑩ 12　　⑪ 17　　⑫ 12　　⑬ 14　　⑭ 10
⑮ 15　　⑯ 17　　⑰ 12　　⑱ 13　　⑲ 25　　⑳ 14

≫≫ 96쪽 정답

① 19　　② 22　　③ 10　　④ 26　　⑤ 18　　⑥ 14　　⑦ 16
⑧ 16　　⑨ 13　　⑩ 19　　⑪ 11　　⑫ 13　　⑬ 19　　⑭ 17
⑮ 23　　⑯ 16　　⑰ 41　　⑱ 13　　⑲ 22　　⑳ 31　　㉑ 15

≫≫ 97쪽 정답

13 − ④ 78÷6　　　　15 − ① 45÷3　　　　12 − ② 48÷4　　　　18 − ③ 54÷3

≫≫ 103쪽 정답　　※ 동그라미 안의 개수가 맞으면 모양 상관없이 정답 처리

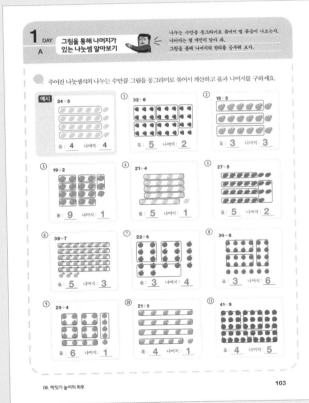

≫≫ 104쪽 정답　　※ 동그라미 안의 개수가 맞으면 모양 상관없이 정답 처리

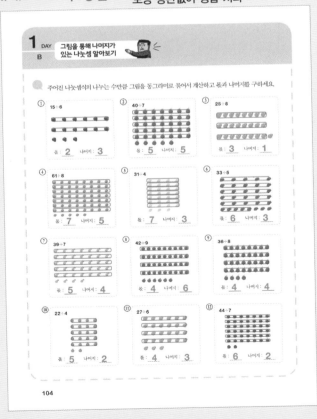

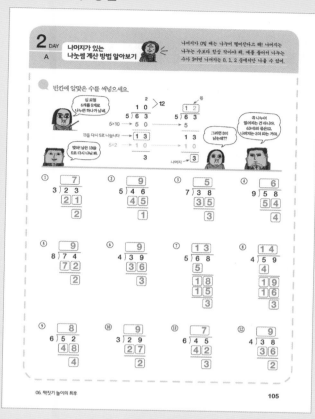

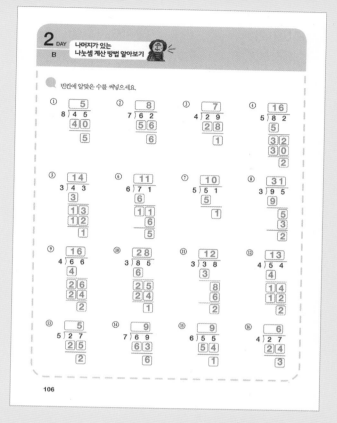

≫≫ 107쪽 정답

| ① 11, 3 | ② 19, 4 | ③ 23, 2 | ④ 14, 1 | ⑤ 26, 1 | ⑥ 15, 1 |
| ⑦ 18, 1 | ⑧ 14, 3 | ⑨ 12, 2 | | | |

≫≫ 108쪽 정답

| ① 21, 1 | ② 17, 1 | ③ 19, 2 | ④ 16, 3 | ⑤ 17, 4 | ⑥ 12, 2 |
| ⑦ 28, 1 | ⑧ 14, 1 | ⑨ 15, 2 | | | |

≫≫ 109쪽 정답

| ① 87 | ② 62 | ③ 38 | ④ 87 | ⑤ 31 | ⑥ 62 |
| ⑦ 82 | ⑧ 71 | | | | |

≫≫ 110쪽 정답

| ① 47 | ② 25 | ③ 46 | ④ 53 | ⑤ 35 | ⑥ 79 |
| ⑦ 53 | ⑧ 75 | ⑨ 65 | ⑩ 87 | | |

≫≫ 111쪽 정답

① 60, 8, 4　　　② 66, 13, 1　　　③ 51, 12, 3　　　④ 81, 40, 1
⑤ 96, 13, 5　　　⑥ 84, 9, 3　　　⑦ 69, 17, 1　　　⑧ 84, 10, 4

≫≫ 112쪽 정답

① 84, 28, 0　　　② 90, 12, 6　　　③ 57, 28, 1　　　④ 84, 16, 4
⑤ 69, 9, 6　　　　⑥ 85, 14, 1　　　⑦ 88, 29, 1　　　⑧ 96, 13, 5

≫≫ 113쪽 정답

① 50　　　　　　② 80　　　　　　③ 50, 55, 60, 65, 70, 75, 80

≫≫ 121쪽 정답

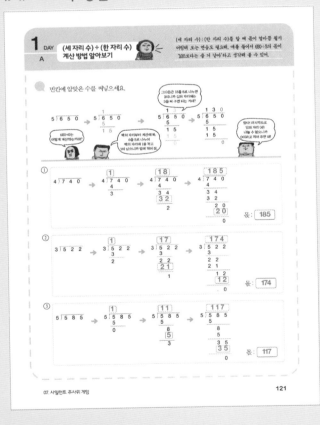

≫≫ 122쪽 정답

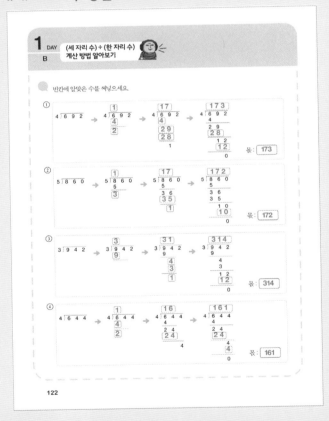

≫≫ 123쪽 정답

① 185　　　② 143　　　③ 133　　　④ 145　　　⑤ 157
⑥ 141　　　⑦ 181　　　⑧ 140　　　⑨ 115

≫≫ 124쪽 정답

① 156 ② 142 ③ 219 ④ 133 ⑤ 124
⑥ 213 ⑦ 264 ⑧ 172 ⑨ 152

≫≫ 125쪽 정답

① 45 ② 85 ③ 76 ④ 91 ⑤ 91
⑥ 60 ⑦ 68 ⑧ 76 ⑨ 89

≫≫ 126쪽 정답

① 99 ② 28 ③ 69 ④ 94 ⑤ 54
⑥ 86 ⑦ 53 ⑧ 93 ⑨ 73

≫≫ 127쪽 정답

① 249, 2 ② 125, 3 ③ 456, 1 ④ 104, 0 ⑤ 285, 1
⑥ 48, 4 ⑦ 75, 7 ⑧ 255, 1 ⑨ 79, 1

≫≫ 128쪽 정답

① 164, 1 ② 92, 2 ③ 88, 1 ④ 112, 4 ⑤ 168, 3
⑥ 92, 4 ⑦ 317, 2 ⑧ 113, 2 ⑨ 44, 5

≫≫ 129쪽 정답

① 876÷3, 292, 0 ② 876÷4, 219, 0 ③ 976÷3, 325, 1
④ 865÷3, 288, 1 ⑤ 654÷2, 327, 0

≫≫ 130쪽 정답

① 976÷3, 325, 1 ② 754÷2, 377, 0 ③ 865÷4, 216, 1
④ 964÷2, 482, 0 ⑤ 986÷3, 328, 2 ⑥ 876÷4, 219, 0
⑦ 974÷2, 487, 0 ⑧ 987÷3, 329, 0

≫≫ 131쪽 정답

조석 765÷4, 191, 1
애봉 954÷3, 318, 0

≫≫ 137쪽 정답

① 11, 11, 77   ② 12, 12, 60   ③ 14, 14, 56   ④ 24, 24, 48   ⑤ 24, 24, 72
⑥ 12, 12, 96   ⑦ 12, 12, 84   ⑧ 17, 17, 68   ⑨ 26, 26, 52

≫≫ 138쪽 정답

① 27, 27, 81   ② 16, 16, 64   ③ 19, 19, 57   ④ 21, 21, 42   ⑤ 14, 14, 84
⑥ 14, 14, 98   ⑦ 15, 15, 45   ⑧ 19, 19, 95   ⑨ 25, 25, 75

≫≫ 139쪽 정답

① 8, 56, 56, 6, 62   ② 12, 60, 60, 1, 61   ③ 19, 76, 76, 3, 79
④ 16, 96, 96, 1, 97   ⑤ 49, 98, 98, 1, 99   ⑥ 16, 48, 48, 2, 50

≫≫ 140쪽 정답

① 13, 65, 65, 2, 67   ② 17, 51, 51, 2, 53   ③ 14, 84, 84, 3, 87
④ 19, 38, 38, 1, 39   ⑤ 13, 91, 91, 2, 93   ⑥ 14, 84, 84, 1, 85
⑦ 17, 68, 68, 1, 69   ⑧ 28, 56, 56, 1, 57   ⑨ 12, 96, 96, 2, 98

≫≫ 141쪽 정답

① 58÷3, 19, 1   ② 63÷4, 15, 3
③ 76÷6, 12, 4   ④ 49÷2, 24, 1

≫≫ 142쪽 정답

① 83÷3, 27, 2   ② 64÷5, 12, 4   ③ 97÷7, 13, 6
④ 73÷2, 36, 1   ⑤ 47÷3, 15, 2   ⑥ 67÷4, 16, 3

≫≫ 143쪽 정답

① 7   ② 9, 6, 7   ③ 8, 9   ④ 4, 5

≫≫ 144쪽 정답

① 8, 9   ② 5, 4   ③ 14, 7, 21   ④ 9, 11
⑤ 16, 4, 9, 12   ⑥ 2, 4, 3

≫≫ 145쪽 정답

① 67	② 69	③ 31	④ 111	⑤ 116
⑥ 113	⑦ 174	⑧ 179	⑨ 183	⑩ 95
⑪ 188	⑫ 177	⑬ 147	⑭ 265	

≫≫ 146쪽 정답

① 111	② 87	③ 98	④ 89	⑤ 161
⑥ 300	⑦ 119	⑧ 75	⑨ 143	⑩ 109
⑪ 74	⑫ 107	⑬ 53	⑭ 149	⑮ 202

≫≫ 147쪽 정답

① 54 / ② 55 / ③ 56 / 가장 큰 수 : 56

≫≫ 153쪽 정답

① 2	② 5	③ 4	④ 3	⑤ 4
⑥ 2	⑦ 5			

≫≫ 154쪽 정답

① 2	② 2	③ 3	④ 6	⑤ 4
⑥ 3	⑦ 4	⑧ 2		

≫≫ 155쪽 정답

① 2   ② 8   ③ 12   ④ 6   ⑤ 4   ⑥ 5

≫≫ 156쪽 정답

① 6   ② 4   ③ 12   ④ 10   ⑤ 8   ⑥ 14
⑦ 9   ⑧ 10

≫≫ 157쪽 정답

① $\frac{2}{4}$ ② $\frac{1}{2}$ ③ $\frac{2}{4}$ ④ $\frac{4}{6}$ ⑤ $\frac{2}{5}$ ⑥ $\frac{2}{4}$ ⑦ $\frac{1}{3}$ ⑧ $\frac{1}{2}$
⑨ $\frac{3}{4}$ ⑩ $\frac{1}{8}$ ⑪ $\frac{1}{9}$

≫≫ 158쪽 정답

① $\frac{1}{4}$ ② $\frac{5}{7}$ ③ $\frac{4}{6}$ ④ $\frac{2}{3}$ ⑤ $\frac{2}{3}$ ⑥ $\frac{1}{2}$ ⑦ $\frac{4}{5}$ ⑧ $\frac{1}{2}$
⑨ $\frac{3}{6}$ ⑩ $\frac{6}{8}$ ⑪ $\frac{1}{3}$ ⑫ $\frac{5}{8}$

≫≫ 159쪽 정답

① $\frac{1}{4}$ ② $\frac{1}{3}$ ③ $\frac{1}{4}$ ④ $\frac{1}{4}$ ⑤ $\frac{1}{5}$

≫≫ 160쪽 정답

① $\frac{1}{2}$ ② $\frac{1}{2}$ ③ $\frac{1}{8}$ ④ $\frac{1}{6}$ ⑤ $\frac{1}{5}$ ⑥ $\frac{1}{2}$ ⑦ $\frac{1}{3}$ ⑧ $\frac{1}{3}$

≫≫ 161쪽 정답

① $\frac{3}{5}$ ② $\frac{2}{3}$ ③ $\frac{3}{5}$ ④ $\frac{1}{2}$ ⑤ $\frac{2}{4}$ ⑥ $\frac{6}{8}$ ⑦ $\frac{3}{6}$ ⑧ $\frac{2}{4}$

≫≫ 162쪽 정답

① $\frac{2}{3}$ ② $\frac{4}{8}$ ③ $\frac{4}{5}$ ④ $\frac{6}{9}$ ⑤ $\frac{3}{4}$ ⑥ $\frac{4}{8}$ ⑦ $\frac{6}{9}$ ⑧ $\frac{4}{7}$
⑨ $\frac{3}{4}$ ⑩ $\frac{5}{7}$ ⑪ $\frac{3}{5}$ ⑫ $\frac{2}{3}$

≫≫ 163쪽 정답

석이가 찾은 비밀번호 : 332

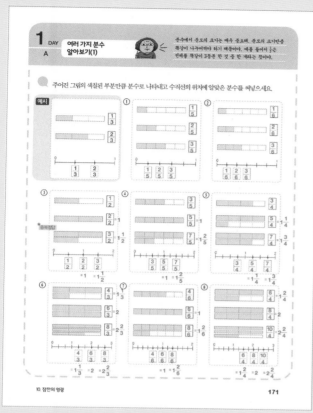

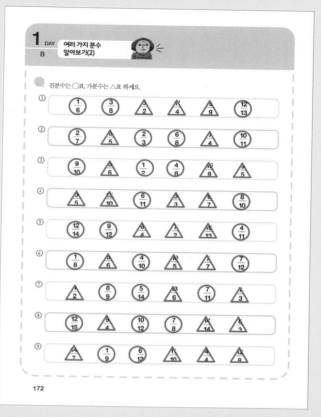

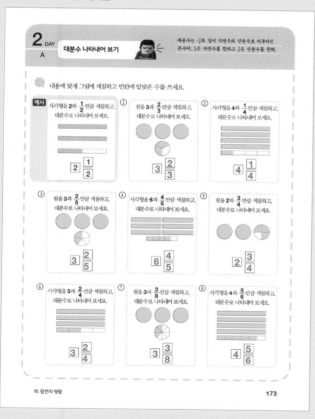

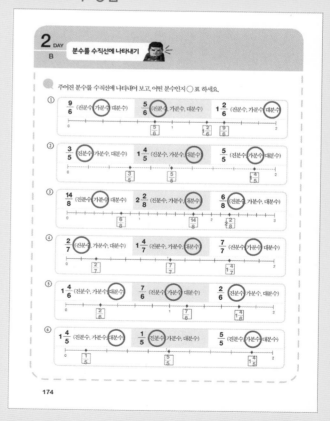

정답

≫≫ 175쪽 정답

① $\frac{9}{4}$　② $1\frac{5}{6}$　③ $\frac{17}{5}$　④ $1\frac{3}{4}$　⑤ $\frac{16}{6}$　⑥ $2\frac{1}{7}$　⑦ $\frac{17}{3}$　⑧ $5\frac{1}{3}$　⑨ $\frac{27}{6}$

≫≫ 176쪽 정답

① $\frac{16}{3}$　② $3\frac{2}{3}$　③ $2\frac{3}{5}$　④ $\frac{25}{7}$　⑤ $\frac{20}{11}$　⑥ $5\frac{2}{7}$　⑦ $10\frac{1}{2}$　⑧ $\frac{22}{5}$

⑨ $\frac{11}{7}$　⑩ $4\frac{2}{8}$　⑪ $1\frac{6}{8}$　⑫ $\frac{31}{7}$　⑬ $\frac{27}{5}$　⑭ $2\frac{8}{9}$　⑮ $1\frac{5}{9}$　⑯ $\frac{23}{6}$

⑰ $\frac{14}{5}$　⑱ $5\frac{1}{4}$　⑲ $2\frac{3}{6}$　⑳ $\frac{12}{8}$　㉑ $\frac{13}{2}$　㉒ $3\frac{4}{9}$　㉓ $3\frac{4}{5}$　㉔ $\frac{20}{9}$

≫≫ 177쪽 정답

① <　② >　③ <　④ >　⑤ <　⑥ >　⑦ <　⑧ >　⑨ <
⑩ >　⑪ <　⑫ >　⑬ >　⑭ >　⑮ <　⑯ >　⑰ >　⑱ <

≫≫ 178쪽 정답

① <　② >　③ >　④ =
⑤ <　⑥ >　⑦ <　⑧ >
⑨ >　⑩ <　⑪ =　⑫ <
⑬ <　⑭ <　⑮ <　⑯ =
⑰ <　⑱ <

≫≫ 179쪽 정답

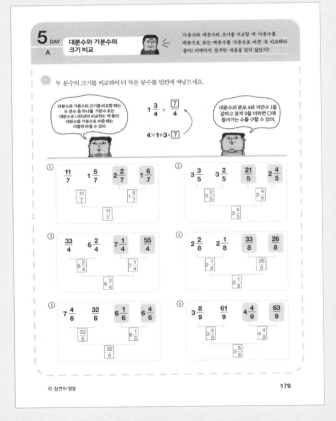

202

≫≫ 180쪽 정답

① 40　　② 43　　③ 28　　④ 25　　⑤ 18　　⑥ 34　　⑦ 55　　⑧ 36
⑨ 82　　⑩ 53

≫≫ 181쪽 정답

① 수성, 금성, 화성
② 목성
③ 목성, 토성, 해왕성
④ $\frac{56}{5}$

MEMO

캐릭터 만들기

예쁘게 오리고 접어 풀칠해 보세요.
여러분의 수학 실력을 응원하는
멋진 캐릭터 인형이 완성됩니다!

뒷쪽에 풀칠해요

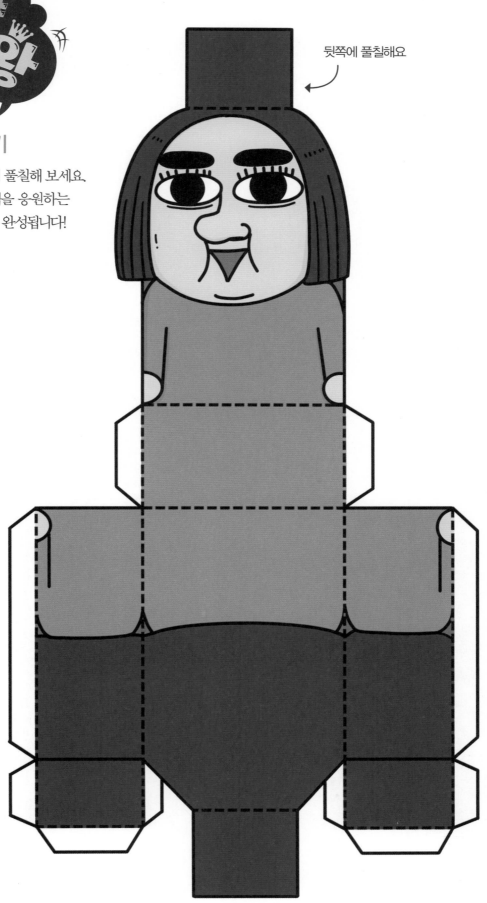